高尾山の森

（東京都）▶ p26

低い山だが魅力的な植物が見られる。新種が多く発見され、スミレやブナの種類も多い。

牧野富太郎が発見したレモンエゴマ。

左が南斜面常緑広葉樹林で、右は北斜面落葉広葉樹林。北と南の植物の分布構造がまるで違うことに注目しながら歩いてみよう。

ヤマグルマ

三頭森の森

（東京都）▶ p34

山の遠景にぽつぽつと黄緑色に見える木がブナ林である。

春には江戸時代からの名物となっているサクラが咲く。

玉川上水の森

（東京都）▶ p40

トラノオスズカケ

国立科学博物館附属 自然教育園の森（東京都）▶ p49

入園数を限定して自然の移りゆくままに自然林を目指している森。

明治神宮の森（東京都）▶ p57

人工的な植林から100年の歳月をかけてゆっくりと自然林に移行している森。

八丈島の森
（東京都）▶ p78

２つの火山からできている、ひょうたん型の島。それぞれの植物は異なる。

歴史の古い三原山に広がるスダジイ林。

オオバヤシャブシ

八王子城址の森

（東京都） ▶ p72

激戦地の跡が空中湿度の高い森に。くねくね曲がる城址の道を歩いてみよう。

赤城山の森

（群馬県） p92

火山の集合体である山の頂に美しい湖がある。その周りを多様な植物が囲む。

三富新田の森

（埼玉県）▶ p84

武蔵野の雑木林が残る三富新田の森。過酷な自然に抗う人間の知恵を見ることができる。

玉原高原の森
（群馬県）▶ p97

関東最大級のブナ林。上が春の緑が美しいブナ林。林の中にはいろんな植物が育っている。

エゾユズリハ

ヒメモチ

清澄山・
房総丘陵の森 （千葉県） ▶ p107

ここを北限の地とする植物、
個性的な植物が多い。

鹿島神宮の森
（茨城県） ▶ p120

鹿島神宮の参道にはタブノキも見られる。
珍しい植物が生育する社叢に注目しよう。

筑波山の森

（茨城県）▶ p112

関東の低海抜で見られる貴重なブナ林。右上がエイザンスミレ。右下がキクザキイチゲ。

赤石岳
大鹿村の森

（長野県）▶ p126

地形に対応した
植物のすみわけが見られる。

箱根の森
（神奈川県）▶ p142

フォッサマグナ要素が見られる珍しい森。
最近はススキが低木林に置き替わりつつある。

函南の森
（静岡県）▶ p146

飲み水の確保のために守られてきた森。
かつてここに日本一大きいブナがあった。

富士山の森

（静岡県・山梨県）▶ p132

上写真では富士山の手前にアカマツ林が見える。下写真のように山頂は高山性のハイマツもない。

真鶴半島の森

（神奈川県）
▶ p150

魚を集めるために保護された森。
植林から自然林へと移りつつある。

ハチジョウキブシ

トベラ

天城山の森

(静岡県) ▶ p154

上はヒメシャラを交えたブナ林。林床の植物がシカに食べられている。下写真は八丁池。

小国の森
（秋田県）▶ p160

ブナの森と川が織りなす絶景。下写真でアパランチシュート（雪崩路地形）がわかる。

蔵王の森
（宮城県）▶ p165

神秘的なお釜や樹氷が見られる。２つのタイプのブナ林に生育する多様な植物を楽しもう。

ムラサキヤシオ

オオバクロモジ

八甲田山の森

(青森県) ▶ p172

上写真が奥入瀬。下は強風と大雪で扁形したアオモリトドマツ。

日本のすごい森を歩こう

福嶋司

東京農工大学大学院名誉教授

はじめに

日本の国土の面積に対する森林の割合は67・5%を占めている。数字から見ると、日本は国土の多くを森林に覆われた、世界でも有数の森の国だ。その森の内訳を見ると、スギ、ヒノキカラマツなどの針葉樹植林が40%、自然林が伐採された後に形成された二次林の面積は国土の49・5%。そして、低地のスダジイ林などの常緑広葉樹林（照葉樹林）、山地のブナ林に代表される落葉広葉樹林、亜高山帯のシラベ・コメツガ林など自然林の面積は18・2%しか残っていない。このことからわかるように、日本の森は、それを取り巻く自然環境とそれに関係してきた人間の歴史や生活なしに語ることはできない。

自然林が少ないことを嘆くことはない。人の影響を受けながら維持されてきた森林にはそれぞれに特徴があり、その存在自体も様々な意味を持つ。その証拠に、私たちは森を目にする時、ただ漫然と自然を見ているのではなく、その背景にある歴史や信仰など、あらゆる人間の営みを重ねて見ているのである。　この本では、日本の数多い森林の中でも、特に、後世に残したい貴重な森、私たちに身近な森、遠くてもその気になって足を運べば、間違いなく「自然の素晴らしさ」に出合うことのできる森に焦点を置き、紹介したい森を選んだ。一番目の選択の基準は、「あの土地にはこの森があり」といった、土地全体の特徴を表す森である。その森へ足を踏み入れると、その土地を特徴付けるいろいろな植物群落があり、絶滅が心配されている貴重な植物種などもある、そんな、地域の自然の象徴ともいえる森たちである。　第二は、日本人の精神との関わりを深く持つ森である。人とのつながりの過程で残された森とは、もともとは大自然の中にあったが、何らかの理由でそこにぽつんと森だけが残されたものが多い。その周りには民家があり、畑や水田もある。人の生活の匂いがする地域の中に、昔の自然がそこだけ「ぽつん」と残っている光景を、誰もが恐らく目にしたことがあるだろう。それらの多くは古い時代からの信仰の対象で、神社やかつて修験者がいた森である。歴史があるゆえに、それらは手付かずに現在まで残った。　第三番目の基準は、人の手を多く介した森である。例えば、武蔵野の雑木林は長い年月をかけて人が造った森で自然林ではない。しかし、その森は何百年もの間、営々として維持され、人の生活と密接に関係してきた「生活になくてはならなかった森」である。また、明治神宮は計画的に人が創った森である。しかし、100年近くを経た現在、その森は自然林と見間違うほどの姿で存在している。まさに、これら2つの例は人の英知の結晶である。　以上の2つの観点から森を選んだが、私が特に意識したのは、小さく、あまり知られていないが、日本の森、日本の自然としての特徴が残る魅力的なスポットである。

さあ、日本の森の探訪にでかけよう。

日本の森林分布

左ページの図は日本列島における森林分布の概要を示したものである。地理的に見た日本列島の森林分布は、南の沖縄から本州中部（太平洋側では福島県いわき市、日本海側では新潟県糸魚川付近）まではスダジイ、タブノキなどの高木層が多くを占める常緑広葉樹林（この林は照葉樹林とも呼ばれる）である。この地域は気候的には亜熱帯、暖温帯と呼ばれる地域で、植物の構成からオキナワウラジロガシ、オオタニワタリ、ヘゴ、リュウビンタイなどの植物を含む亜熱帯性の常緑広葉樹林と、それらを欠き、アラカシ、アカアシ、ウラジロガシ、ヤツデ、ベニシダなど暖温帯性植物が生育する常緑広葉樹林とに区分することができる。その両者の境は屋久島と九州の間にある。また、太平洋側地域ではモミ、ツガなどの温帯性針葉樹林が森林帯を形成している。これは日本海側には見られないもので、中間温帯林と呼ばれる。

さらに、九州、中国地方、四国地方では局在するが、中部日本以北、北海道の渡島半島まではブナが高木層を占める冷温帯落葉広葉樹林が広がる。その北では温度的にブナ林が発達しておらず、広範囲にミズナラ、シナノキ、エゾイタヤなどの落葉広葉樹とエゾマツ、トドマツなどの針葉樹が広がり、それらの種が混生することが多い。この地域は針広混交林と呼ばれ、冷温帯と北の亜寒帯の境界部分である。

このような森林帯の分布の移り変わりは、種の相違はあるものの垂直的にも見ることができる。垂直的にはスダジイやタブノキ、アカガシ、ウラジロガシなどからなる常緑広葉樹林帯の分布域は低地帯、丘陵帯、低山帯であり、落葉広葉樹林帯の地域は山地帯と呼ばれる。また、中間のモミ、ツガの林は低山帯を中心に山地帯の下部の間に挟まる形で分布する。山地帯の上は亜高山帯と呼ばれ、太平洋側ではシラベ、オオシラビソ、コメツガなどの針葉樹からなる森林帯が厚く形成する。しかし、雪の多い日本海側では針葉樹林の発達が悪く、白山や立山などの北陸地方で冬季季節風の風衝側にアオモリトドマツの針葉樹林が、積雪の多い風下側の風下側には雪に強いダケカンバミヤマハンノキなどの落葉樹が分布する。さらに谷川岳以北では針葉樹林帯が欠け、ダケカンバ林やミヤマナラ低木林となる。その上部が高山帯である。この帯は水平的には見られなかった帯で、ハイマツ群落がその代表であり、一部にはガンコウラン群落や高山性のお花畑が分布する地域である。

日本の植生帯分布

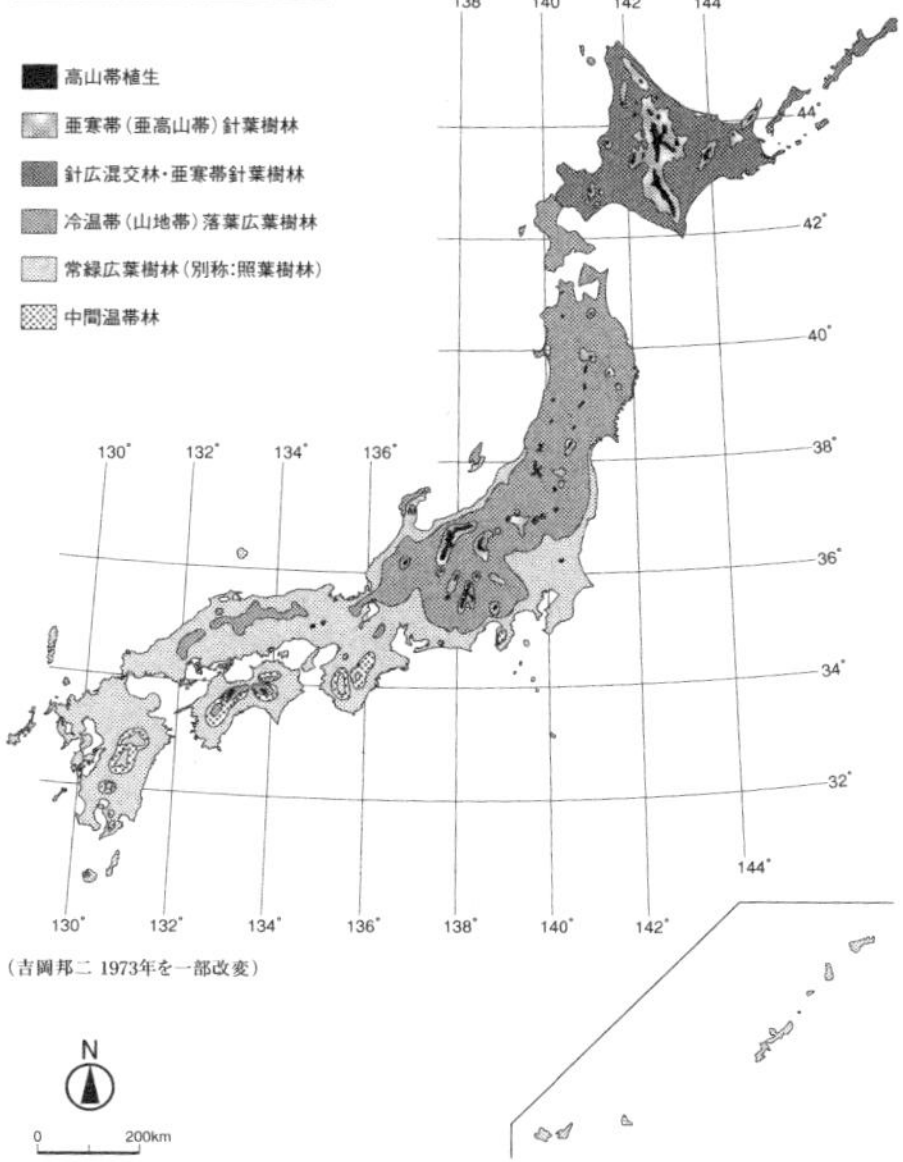

（吉岡邦二 1973年を一部改変）

目次

編集協力：小さな森プロ

第1章　東京の森

山は低いが植物の多様さが面白い！「高尾山の森」

ミシュランガイド3ツ星の観光地

高尾山（海抜598メートル）は八王子市の西部地域に位置し、東京都心から西へ約50キロメートルのところにある。豊かな自然と古い歴史を持ち、昔から都民が気楽に登山を楽しめる山であった。このことから、昭和42（1967）年には、高尾山山頂を含む周辺の丘陵や山の770ヘクタールが「明治の森高尾国定公園」に指定された。

その後、平成19（2007）年のミシュランガイドに「最高ランクの3ツ星の観光地」として登録されてからは、一層人々に知られるところとなり、急激に登山客が増加している。今では、年間260万人が訪れ、休日は押すな押すなの混雑ぶりで、登山道は都会の街中を思わせるほどである。自然を楽しみたい者にとっても、高尾山は低い山であるにも関わらず多くの植物が観察でき、関東地方の代表的な自然の植生分布が見られ、貴重な山である。

山の信仰が森を守った

高尾山は奈良時代の天平16（744）年に行基が開山し、自ら薬師如来の尊像を刻み堂宇を建立してこれを安置し、寺号を薬王院有喜寺と名付けたと伝えられる。その後、僧俊源によって再興された。さらに飯縄《いづな》権現を勧請して修験道の霊場として以来、関東一円の信仰の中心となった。修験道の霊場だけあって山は急峻である。これはこの地域の地質と関係している。高尾山と周辺の山々は小仏層群《こぼとけそうぐん》と呼ばれ、恐竜が闊歩していた中生代白亜紀後期に海の底で形成された「海成層」が、その後に隆起し、長い年月の間に侵食されて現在のような急峻な地形となった結果である。

そのように高尾山は古い歴史を持つ信仰の山であったため大事に守られ、この地域を支配した領主も昔から手厚く森を守った。戦国武将の北条氏照が高尾山の森を禁伐とし、「山内の竹木一草なりともとるものがあれば、その首を切る」との制令を出したことは有名な話である。江戸幕府もこの地を直轄地として保護し、八王子代官の管理下に置いた。

明治以降から戦前の間も、高尾山は帝室御料林として保護されてきた。

低い山だが植物相が豊か

高尾山は標高も低く、面積もそれほど広くないが、その特徴は植物の多様さと分布の面白さにある。高尾山は関東山地が東に延びた先端部にあり、高度的には山地と丘陵の中間で、植物の種類もそれを反映して関東山地から下降してきた山地性の植物と、低地から昇ってきた低地の種の両方が生育しているのである。

林弥栄らの研究（1966年）によれば、この地域にはシダ植物以上の高等植物1028種の生育が報告されている。日本全体の植物が7087種（種、亜種、変種を含む。1997年の環境省の調査）であることから、日本全体の約15％の植物が生育している計算になる。この小さな山域にこれほどの植物が生育していることは驚きである。

新種の発見が多い

高尾山とその周辺で新たに命名・記載された植物も多く、10種、14変種、42品種に及ぶ。植物の研究者の多い東京という地に高尾山が位置するとしても、これは驚く数である。また、「高尾」の名が付けられた植物も多い。タカオスミレ、タカオホロシ、タカオシケチシダ、タカオスゲ、タカオイノデ、タカオヒゴタイ、タカオワニグチソウ、タカオホオズキ、タカオミサキカグマ、タカオヤブマオ、タカオコバノガマズミなどそれである。加えて、著名な植物学者、牧野富太郎によって発見、命名された種としてミヤマクマザサ、レモンエゴマなどもある。

スミレの種が多いのも高尾山の植物相の特徴のひとつである。日本のスミレは亜種、変種を含めて約80種であるが、高尾山とその周辺ではそのうちの半分の40種が生育している。それらは沢沿いに多く見られ、ナガバノスミレサイシン、エイザンスミレ、ニオイタチツボスミレ、マルバスミレ、コスミレ、アカネスミレ、アオイスミレ、コミヤマスミレ、タチツボスミレなど多くのスミレが春には可憐な花を咲かせる。

もうひとつ注目したいのはブナ科植物の種類が多いことである。落葉樹としては、ブナ、イヌブナ、コナラ、常緑樹としてはアカガシ、ウラジロガシ、アラカシ、シラカシ、ツクバネガシ、オオツクバネガシ、スダジイなど、総計10種も観察できる。

中でも、ブナは関東地方では海抜900メートル以上の地域に生育するのが一般的であるが、600メートルに満たないこの山に分布しているのは珍しい。宮人芳雄氏の調査によれば、高尾山一帯には74本のブナが生育し、分布の下限は380メートルという。

南と北の斜面で植物が異なる謎

この山には7本の散策路がある。植物を観察するのであれば、1号路を歩き、途中で4号路に入り、江川杉を観察して山頂へ行くコースがおすすめである。1号路では南斜面と北斜面の植生の違いが、4号路では渓谷の植生を観察できる。

1号路はケーブルの駅の右脇から緩い坂道を登りはじめる。途中、金毘羅台からは遠く新宿ビル街が望める。秋はオオモミジ、イロハモミジの紅葉が美しい。そこからは南向き斜面上部の常緑広葉樹林の中を歩くことになる。ケーブルカーの高尾山駅を過ぎた頃から、北斜面にはイヌブナを主体とする落葉樹林、南斜面にはカシ類の目立つ常緑樹林が分布するようになり、斜面の方向で異なる対照的な分布パターンが見られる。

少し詳しく分布を異にする植物を見ると、北側斜面に見られる種はイヌブナを主体に、アカシデ、アオハダ、アワブキ、ホオノキ、ヤマトアオダモ、ウワミズザクラ、ミズキ、カスミザクラ、ヤマボウシ、コバノトネリコ、オオモミジ、リョウブ、イロハモミジ、ダンコウバイ、クロモジ、コウヤボウキ、タガネソウ、オクモミジハグマ、チゴユリなどが分布している。これらの多くはより高海抜地域に分布する種である。

一方、南側斜面にはウラジロガシ、アカガシ、アラカシ、ツクバネガシ、スダジイ、カゴノキ、ヤブツバキ、サカキ、ヒサカキ、シロダモ、ヒイラギ、ミヤマシキミ、マンリョウ、ベニシダ、ヤマイタチシダ、ジャノヒゲ、キヅタなどの種が分布している。これらは低地から昇ってきた種である。

では、なぜ異なる植生分布になっているのであろうか。関東地方は日本における常緑の種の分布の北限地域である。常緑の種にとって、地理的分布の北限と高度的上限に近い高尾山ではすべての地域が生育適地とは言えない。しかし、南斜面は、北斜面に比べると日射が多く相対的に温暖であるため、それらの種の生育が可能な立地である。その反対の条件にある北斜面ではより冷涼な高所に分布域を持つ種は生育できるが、常緑の種には適さない。これが大きな理由と考えられるが、まだそのメカニズムが十分に解明されているわけではない。

このような北斜面と南斜面の植生分布の違いは茨城県の筑波山でも見られるため、腹背的な分布構造は常緑種の分布北限地域に特有な性質であると考えられ、興味深い。

高尾山自然動植物園を過ぎ、山門近くで右に折れて4号路に入ると、そこでは北斜面を歩くことになり、一面に落葉樹のイヌブナ林の世界が広がる。すぐにつり橋に着くが、そこにはミズキ、フサザクラ、コクサギなど低海抜地の渓畔林に多い種が見られる。このうち、フサザクラはサクラという名前がついているが、バラ科のサクラ類ではなく、フサザクラ科の種である。この丸い葉、緑色をした変わった花も、機会があれば注目してほしい。

様々な個性的なスギ

高尾山薬王院では、古くからスギの植林が行われてきた。有名なのは高尾山の参道にある４００年を経た大木のスギ並木である。樹高30メートルを超すスギの大木は台風などの影響を受けながらも健全に生育し、中には枝が落ちた跡の幹に穴が開き、ムササビの格好の営巣場所になっているものもある。

また、1号路にある「蛸スギ」も有名である。このスギには、烏天狗《からすてんぐ》たちが一夜かけて根を曲げたなどの伝説がある。中でも一番の巨木として知られるのが飯盛スギである。「樹冠がご飯を茶碗《ちゃわん》に盛ったよう」だからそう呼ばれるそうである。高尾山薬王院にはこうした個性的なスギもある。

歴史を持つスギで特に注目したいのは、頂上付近にある「江川杉」である。この林は幕末、伊豆の反射炉で有名な韮山の代官・江川太郎左衛門がこの地に植栽したとされる。この植林地は200年近くを経た古い歴史を持つ。戦後に植栽されたスギ植林地が多い奥多摩地域にあって、古い植栽地としても貴重なものである。

高尾山地域770ヘクタールの内、国有林は452ヘクタールを占めているが、その内、人工林が273ヘクタールである。この人工林の約2割が、昭和63(1988)年3月23日の大雪で幹が折れるという大きな被害を受けた。この被害は「冠雪害」と呼ばれ、太平洋側地域に春先に発生する気象害である。そのメカニズムはこうである。春先、無風状態で時雨が降ると、水滴がスギの枝に付着する。それが接着剤の役割をして、その後に降った雪を付着させる。春の雪は水分が多く、通常の3倍、1平方メートルあたり積雪1センチで3キログラムの重さにもなる。この雪が樹冠に付着することで、その重さに耐えられずに幹が折れるのである。スギの幹の繊維はまっすぐなので、折れると引き裂いたようになり、白い材がむき出しになり痛々しい姿になる。

日陰沢林道は春植物のメッカ

高尾山の北側にある日陰沢林道は、春は高尾山での湿性立地に生育する植物を観察できるメッカとも言える。レモンエゴマのように高尾山で命名された植物も見られる。林道沿いにはキクザキイチゲ、ニリンソウ、ヤマエンゴサク、カントウミヤマカタバミなどの春植物(春の妖精：スプリングエフェメラル)、実を付けたところが猫の目のような形をするヨゴレネコノメ、ハナネコノメなどのネコノメソウの仲間、花が夜泣きソバ屋台のラーメン屋の売り手が吹いたチャルメラに似た形をしていることで名付けられたチャルメルソウなどが咲く。

初夏には丸いつぼみを持つことでその名が付いたタマアジサイ、葉が弓矢の羽根の部分の矢筈《やはず》に似ていることから名付けられたヤハズアジサイ、それにヤマアジサイなどのアジサイの仲間の花を普通に見ることができる。冬の朝には、枯れた茎の下部に霜柱が付くことで知られる、シモバシラの花も見ることができる。

高尾山は四季を問わず自然に満ち、多くの特徴ある植物とその分布を観察できる素晴らしい山である。一直線に頂上を目指すのではなく、時には回り道をして、周囲の植物に注目してみてほしい。

✈行き方…ＪＲ中央線　東京駅→高尾駅→京王線　高尾山口駅→ケーブルカー　清滝駅→高尾山駅→高尾山登山口

シモバシラ

江川スギ

奥多摩を代表する自然林が残る「三頭山《みとうさん》の森」

東京都民の水がめのひとつ

三頭山（1531メートル）は東京の西部、秩父多摩国立公園の一角にある。古くは御堂《みどう》山《さん》と呼ばれていたが、いつの頃からか、西峰（1524・5メートル）・中央峰（1531メートル）・東峰（1527・5メートル）の3つのピークがあることから三頭山と呼ばれるようになった。

この地域一帯は秋川の水源地帯で、東京都民の水がめである「東京都水源林」に含まれている。江戸時代から伐採が禁じられてきた自然の森の大きな塊であり、様々な地形とそれに対応した様々な植物と植物群落が見られる。この良好な自然を守るため、405・3ヘクタールが昭和55（1980）年に東京都の「檜原南部自然環境保全地域」に指定されている。

また、平成7（1995）年には三頭山の南東側中腹、海抜1000～1500メートルの地域の197ヘクタールが都民が散策できる「檜原村都民の森」に指定されている。この都民の森は「出会いの森」、「生活の森」、「冒険の森」、「野鳥の森」、「ブナの森」など、林の性質によって5つのゾーンに分けられており、ハイキングやバードウォッチングと、様々な自然体験ができるように散策コースが整備されている。

散策路で見られる植物

三頭山への登山は、JR武蔵五日市駅から奥多摩周遊道路に入り、三頭山の駐車場からスタートするのが一般的である。そこから緩い坂を上ると、数百メートルで都民の森の中心施設である森林館と木材工芸センターに着く。そこを基点に散策路が巡っている。そのひとつ、「大滝の路」を歩くと、周囲には落葉樹のミズナラの優占する森が広がり、谷を挟んだ対岸には尾根部を中心に濃い緑の針葉樹のモミやツガが目立つ。そして平坦な遊歩道の終点には三頭大滝がある。落差35メートルで流れ落ちる大滝は、その前に架けられた橋から眺めることができる。この滝の水が枯れることがないことからも、この山の保水力の高さがわかる。また、滝の周辺には関東ではあまり見られない常緑広葉樹のヤマグルマが岩にへばりつくように生育している。この種は花も実も特徴的な古い形態を持つモクレン科の植物である。

樹木のすみわけが見られる

三頭大滝から三頭山の山頂へは沢沿いの路、「ブナの路」を登る。この沢の周辺部地域は、何十年に1回の大洪水によって定期的に破壊を受ける。そのため沢の中や周囲の岩にはコケの付着が見られない。二十数年前、大出水の後にこの道を歩いたが、大木が多くなぎ倒され、低木や草本はことごとく剝《は》がれてしまっていた。それが今はすっかり回復している。

沢の周辺部の洪水の影響が及ばない地域には、樹高25～30メートル、直径140センチ以上の大きなカツラやサワグルミが目立つ。林床にはアカソ、ウワバミソウ、ジュウモンジシダ、キヨタキシダ、モミジガサなどの湿性立地に分布する植物が多く見られる。登る途中の道は沢沿いの標高1200メートル付近で傾斜が緩くなり、岩塊がテラス状になった場所では、シオジの大木が見られる。その周辺の岩の間に土砂が堆積した場所には同じくらいの高さのサワグルミやカツラの大木が生育している。狭い渓谷であっても、わずかな立地の違いで樹木の「すみわけ」が見られる。

また、サワグルミの高木の下近くで、少し土砂の溜まった場所には次の世代を担うサワグルミの若齢木が群生しているところも見られる。このような攪乱《かくらん》を受けやすい立地でも、確実に次の世代へと命がつながれているのである。河畔林は自然攪乱を受ける立地に形成される森林ではあるが植物種は多いし、谷特有の植物も多い。

沢から離れ、少し斜面を登るとミズナラ、モミ、オニイタヤなどの落葉樹林となる。しかし、その下層には草本類がまったくない。これは最近増加したシカによる食害の影響である。

山頂部にはササのないブナ林とイヌブナ林

尾根部に到達したところがムシカリ峠で、その近くに三頭山避難小屋がある。小屋の付近からはブナ林が見られる。ここではシカの影響で草丈が抑えられたミヤマクマザサが生育する。さらに少し急な斜面を登ると山頂である。

三頭山山頂は明るく、周囲はブナ林になっている。山頂の森は、高木層はブナ、イヌブナ、ミズナラを中心とし、ハウチワカエデ、ウリハダカエデなどのカエデ類、コシアブラ、ハクウンボクなどの亜高木も多い。低木層にはコゴメウツギ、コアジサイなどが見られるが、まったくササが見られない。ここもシカによってササが食べられてしまったのであろうか。

実は、シカの食害が知られる前からこの山頂付近にはササがなかったのである。その代わりに多くの草本植物が林床に広がっていた。これは気候的条件、地形的条件、土壌的条件が重なってササが生えにくい環境になっていたためである。私はこの現象を中国山地の臥龍山《がりゅうざん》で確認し、「平尾根効果」と命名した。同様にササのないブナ林は、近くでは、丹沢、富士山などにもあり、日本のブナ林の中でも太平洋側の各所で見られる。そのメカニズムは、後述する「臥竜山の森」で解説する。

山頂から西に進むと痩せ尾根状になり、尾根がブナ林、斜面がイヌブナ林になる。これは土が動かない場所を好むブナと土の移動にも適応しているイヌブナの生育立地の違いである。同じブナの仲間であっても、両者を比較するといくつかの違いがわかる。幹が1本で白く平面的なブナに対して、幹の色が黒くいぼ状で幹がざらつくイヌブナ。葉がやや厚くて小さいブナ、葉が大きくてやや薄いイヌブナ。両種が近くに生育するので比較も容易である。この道を西に向かうと奥多摩湖（小河内ダム）から登ってきた道路に「鶴峠」で合流する。

山頂から東に向かい「ブナの路」に再び入ると、森林はブナやミズナラの優占する林であるが、「防鹿柵」が設置されている場所を除き、ここでも林内には植物がない。防鹿柵の中には周辺とは比べ物にならないほどにヤマタイミンガサ、モミジガサなどの草本植物が旺盛に生育している。かつては、この風景が一般的であったが、今では柵の中でしか草本植物は生育できないくらいにシカの影響が強くなっているのである。

さらに山を下ると道は痩せ尾根の上を通り、ダケカンバを交えるミズナラ林が広がる。その中にはトウゴクミツバツツジ、バイカツツジ、ホツツジ、ヤマツツジなどのツツジ科植物も多く、浅い土壌の乾燥した立地であることがわかる。そこにはツガもイヌブナも出現する。

バイカツツジ

人々の生活を支えたクリの林

標高1300メートル付近から鞘口峠《さいぐち》（1142メートル）ま

での間にはクリの木が多く出現する。樹高は15メートルから18メートルで、その直径は60～120センチある大木である。樹齢は80年以上であろうか。それが道沿いに少なくとも33本が確認できたが、道沿い以外にも生育しているので、かなりの数になろう。クリの周りに生育しているミズナラの直径が30～50センチであることから、ミズナラを伐採した時にもこのクリは残されてきたものと考えられる。

ここのクリは木材利用も考えられないこともないが、樹幹の曲がったものも多いことから用材利用のために残したとは考えられない。耕作地に乏しい山地、このクリの実を採取していたのではないだろうか。山で生活する人にとって、クリの実は重要な資源であったろう。

また、鞘口峠には、少々弱ってはいるが、樹高20メートル、直径150センチの大きなイヌブナが生育している。多幹であることの多いイヌブナがこのような直径になることはまれで、この個体は東京都に生育するイヌブナの中で最大級のものであろう。

そこから坂を下り、スギの人工林の中を歩くと、散策の最初に見た「森林館」に着く。この森林館の周辺には木材工芸センター、炭焼窯、ワサビ田などもあり、昔の山での生活の一端に触れることができる。

✈行き方…JR中央線 東京駅↓JR五日市線 拝島駅↓JR 武蔵五日市駅↓バス↓数馬 バス停↓バス↓都民の森 バス停↓東京都檜原 都民の森　三頭山登山口

広重も絵に描いたサクラの名所「玉川上水の森」

江戸の飲み水不足を改善

この玉川上水は、承応2（1653）年に江戸城内と武家地への給水を目的として掘られた上水である。なぜ上水が必要であったのか。それは江戸の人口増加による飲み水不足の改善のためである。徳川家康の入府以前にこの地を治めていた太田道灌の頃、飲料水は井の頭池からの流水と赤坂溜池の湧水、そして、街中の井戸を利用していたという。

天正18（1590）年に江戸城に入った徳川家康の頃は太田道灌の頃よりさらに人口が増え、水の不足が課題になった。家康は家臣の大久保藤五郎に命じて、井の頭池を主な水源とし、善福寺池や妙正寺池に発する流れを集めて神田上水を整備した。これが江戸の上水の第1号である。その後、徳川秀忠は慶長8（1603）年に溜池からも引水している。しかし、その水量は増え続ける江戸の人口には十分ではなかった。

第3代将軍家光の時代、寛永16（1634）年には「参勤交代」の制度が設けられ、藩主は1年交代で江戸に在勤することになった。江戸には藩主だけが住むわけではない。藩主と共に多くの武士が江戸に集まることになった。加えて江戸の街に流れ込む庶民の増加で、江戸は60万人以上の人が住む大都会になった。

この人口増加に対処するために、井の頭の池と善福寺池の水、さらに妙正寺池の水を合わせて上水としたが、それでも足りない。いよいよ水に事欠くようになり、抜本的な対策として多摩川からの取水が考えられた。これが玉川上水の開削計画である。

失敗を乗り越え突貫工事で完成

上水の開削は承応２（１６５３）年４月４日に開始された。開削は昼夜を分かたず突貫工事で進められ、11月15日に羽村から四谷大木戸までの素掘りを完成している。43キロを８ヶ月間で掘削したのである。しかし、その建設は容易ではなく、失敗を繰り返し、３回目の掘削での完成である。

最初は国立市青柳を取水口にし、国分寺市、日野市、狭山からの水を合流させ四谷大木戸までの工事を計画した。しかし、府中市八幡下で水を武蔵野台地にまで上げることができず、流れなくなり失敗した。現在、多摩川低地の耕地を潤している府中用水は、その時に掘られたものが原型と言われ、現在はおおいに役立っている。

２回目はさらに上流の福生村を取水口に計画した。しかし、途中の熊川で水が火山灰層（関東ローム）の下にある礫層《れきそう》（武蔵野礫層）に吸い込まれて水が流れなくなった。人々はこれを「逃げ水」と呼び、そこの場所の立地を「水食土《みずくらいど》」と呼んだ。土質を十分に調べなかったのか、技術がなかったためであろうか。現在、その場所はその歴史を保存するために「水食土公園」として残されている。

この2度の失敗で幕府は多摩川から取水する上水計画を中止しようとした。しかし、総奉行の松平信綱の強い進言で続行することになり、もっと上流からの取水が計画された。信綱は家臣で地勢や水利に詳しい安松金右衛門に命じて位置を選定させた結果、安松は羽村に取水場所を選ぶ。そして、配下の伊奈半左衛門を奉行に、町人の加藤庄右衛門、清右衛門の兄弟を実質的な責任者として事業を開始した。

工事は区域を区切り分担を決めて、同時に掘削を実施。素堀りでU字型に掘った。水路の方向は星で測り、夜は束ねた線香を使って明かりが見えなくなったところで高低差を測る。提灯を用いることもあったという。

しかし高井戸村まで進んだ時に加藤庄右衛門、清右衛門の兄弟は幕府から与えられた6000千両を使い果たしてしまった。そこで、完成後に幕府から追加分が払われることを条件に手持ちの2000両と、屋敷を売った1000両で建設を続行し、完成にこぎつけた。完成後、幕府は加藤兄弟に玉川の姓と200石を与え、苗字帯刀を許して玉川上水役に任じている。翌年の承応3（1654）年6月には四谷大木戸から虎ノ門まで地下に石樋、木樋で配水管の敷設を終え、江戸城や武家地が水を利用できるまでになった。総全長は63キロメートルで全工期は1年7ヶ月であった。

この玉川上水の目的はあくまでも江戸城内と武家への給水であり、江戸町民へのこの上水の給水はさらに遅れ、下町の海抜の低い場所に生活した町民は塩分を感じる水を長い間飲むことを強いられた。玉川上水完成の翌年、掘削の総奉行を務めた松平信綱は、幕府に自分の領地川越に上水からの分水を願い出て許可されている。玉川上水からの分水第1号である。もちろん、この掘削は技術にたけた家臣・安松金右衛門が担当し、領内の新田開発が進められることになった。

上水を分水し新田開発が始まる

玉川上水は多摩川、北の荒川水系の分水界を通るように配置されており、武蔵野東部では、甲州街道沿いの、神田川水系と古川・目黒川水系の分水界を通っている。これにより、周辺への分水が可能になった。この配慮には感心する。

幕府普請奉行の石野広通が天明８（１７８８）年から寛政３（１７９１）年にかけて上水の開発や実態を著した『上水記』には、吉宗の時代の享保期（１７１６〜１７３６年）を中心に、33ヶ所の分水が示されている。吉宗の時代は幕府の財政難もあって、この分水が武蔵野の開発を一気に進めることになった。そのひとつが後述する「三富新田」の開発である。

玉川上水は開削以降、２００年年以上に渡って江戸（東京）に上水を運び続けてきたが、羽村から内藤新宿までの船の運航が許されたことがある。江戸時代が終わり、政情が不安定な明治の明治2（1869）年のことである。羽村と砂川などの地主が通運を申請、それが認められ、明治3（1870）年から毎月6回、100艘の船で野菜、薪炭、織物、酒、甲州のブドウを東京へ運び、それに対応して上水沿いには10ケ所の河岸ができた。利用された船は幅1・5メートル、長さ11メートルの和船で、下りは水の流れに乗るが、帰りは船頭が舵を取り、2人が堤の両側から綱で船を引いたという。そのため路わきには船道を作り、橋を高くした。当時は多くの舟が行き来できるほどの水量があったのである。しかし舟の便が増えるに伴い、上水の汚染と野火止用水の取水に支障が出ることが心配されるようになった。そのため、明治5（1872）年5月には廃止されることになる。3年の短い運航だった。

近代水道時代の玉川上水

明治31（1898）年に近代水道の必要性から淀橋浄水場ができると、玉川用水の水がそのまま使われ、今の千代田区、中央区、港区へ配水が行われた。

終戦後間もない頃には、作家の太宰治が三鷹付近で入水する事件もあった。玉川上水の利用は昭和40（1965）年まで続いたが、現在、都庁が建つ場所にあった淀橋浄水場の廃止に伴い、玉川上水の水はすべて村山貯水池へ送水することになり、玉川上水の流水は停止され、まったく水の流れない川になった。

その後、昭和61（1986）年からは東京都の清流復活事業として小平市の小平監視所から下流に昭島市にある多摩川上流水再生センターで処理された高度２次処理水が玉川上水とその分水の野火止用水に流されることになり、流れが復活した。水量は少ないが、見た目では清らかな水の流れが復活し、往事の玉川上水の面影を偲ぶことができる。

貴重な植物が見られる森林のベルト

かつて開渠《かいきょ》であった玉川上水43キロメートルのうち、現在は羽村から中央線三鷹駅から下った浅間橋までの約30キロメートルの間が開渠で、そこから新宿の四谷大木戸までが暗渠《あんきょ》になっている。開渠の周囲にはサクラ並木、雑木林、ケヤキ林など、地域によって様々な林が見られる。周囲がどんどん開発されて住宅地になり、人工構造物が増えた中にある「貴重な緑の帯」である。この開渠部分は「歴史的遺産と一体となった自然の存する地域で、その歴史的遺産と併せてその良好な自然を保護することが必要な区域」として、東京都の「歴史環境保全地域」に指定されている。

玉川上水沿いには、約７００種の植物が生育している。その中には、アマナ、ニリンソウ、イチリンソウ、アズマイチゲなどの春植物（春の妖精）が含まれ、春には歩道沿いに様々な可憐な花が咲き、木々の芽吹きの鮮烈な緑、自然の息吹に満ちる。雑木林や林縁にはウグイスカグラ、クサボケ、山地や丘陵地に生育するガクウツギ、ヤマボウシ、フサザクラ、シャクジョウソウなどの貴重な植物も見られる。

江戸近郊の名所・小金井堤の桜並木

8代将軍徳川吉宗は飛鳥山、品川の御殿山などと共にこの玉川上水の土手にサクラを植えさせた。植栽を命じられたのは、当時の新田掛の大岡忠相である。大岡は知己であった府中押立村の名主・川崎平右衛門にその実行を命じた。その場所は小平村鈴木新田から武蔵野村（現在の小平市小川水衛所跡から武蔵野市境橋の両側）で、距離は6キロメートルである。平右衛門は大和国吉野、常陸国桜川からヤマザクラの種を取り寄せて苗を作ったと伝えられる。植栽の時期は天文年間（1736―1743年）と言われるが、寛保年間との説もある。また、平右衛門はサクラの植栽にいくつかの効用を期待していたという。第一はサクラの葉の消毒作用である。桜葉の匂い、クマリン臭に解毒作用があると信じていたようで、その葉が上水に落ちることで水が殺菌されると期待した。第二は根が張ること、人々が踏みつけることで土手の崩壊を防ぐ効果である。そして、第三は花見に多くの人が訪れることで地元に金が落ちることである。植栽されたサクラの木の間隔は10間（18メートル）であったが、安政の時代に、その間に1本ずつ補植され、現在のように9メートル間隔になった。

江戸末期の寛政6（1794）年、古河古松軒が江戸の近郊を紹介した『四神地名録』に掲載して以来、小金井のサクラは江戸の人々に広く知られることとなる。寛政9（1797）年には武蔵野八景に選ばれるまでになり、安政5（1858）年の歌川広重の「冨士三十六景武蔵小金井」には、玉川上水の土手に植えられた桜の古木（幹に穴）から見える富士山が描かれている。明治16（１８８３）年には明治天皇が行幸され、翌17年に皇太后、皇后も花見に訪れている。その時に休憩した「柏屋」は、移築されて現存している。

サクラを咲かせ、上水を守るために

大正13（１９２４）年に、玉川上水堤のサクラは「小金井サクラ」として名勝に指定されているが、その前年の大正12年の調査では南岸に７６１本、北岸に７１０本の計１４７１本の生育が示されている。しかし、最近の平成25（２０１３）年の調査では、南岸に３４１本、北岸に３５１本の合計６９２本が確認され、約90年で半数にまで減少していることがわかった。これは管理不足もあるが、生育環境の悪化も原因と考えられる。では、残されたサクラをどのようにして守り、管理したらよいのだろうか。上水沿いに分布する林の幅は、上流部では雑木林に接続するところもあるが、大部分は広いところでも5メートルほどしかない。

サクラ並木ではケヤキをはじめとする樹木との競合が問題である。ケヤキは明るく、より湿潤な立地では生長が早く、樹高も高くなる。そのためケヤキの下になったサクラは光を求める競争に負けてしまう。その結果、サクラは光を求めて樹形を変形する。現在見られる道路側に曲がった樹形はそのためである。さらに悪いことに、すぐそばを大きな道路が通っていると、排ガスにあおられて弱体化する。このような場所が多く見られる。

一方で、用水の周辺に生育する樹木の生長は、時に用水の保全にとって時に障害となる。この上水は関東ロームを削っただけの素堀りである。開削から350年ほど経ち、用水は浸食されて3メートルくらいにまで深くなり、切り立った崖状になっている。周囲に成長した樹木の根はその崖に沿って成長し、中には崖を壊して成長するものもなる。そのような樹木が大きくなり、根の発達が続けば、用水の崖は根の成長で崩れ続けることになる。

本来、用水は左右同じように掘ったのであろうが、北側と南側とで現在はずいぶん形が変わっている。南向き（右岸側）の崖部分は土砂が貯まり、斜面が緩くなっていることが多く、北向き（左岸側）は垂直な崖になっていることが多い。南側の斜面は冬の間、霜柱が立ち、それが解けては凍る、凍結と融解を繰り返した結果、土砂がずり落ち緩傾斜となっている。一方、そのような環境の変化がないか、あっても小規模な左岸では、むしろ、根の生長による崩壊が進み、斜面は垂直となり、ところどころに根が現れている。この水路を維持するためには、方向の違いをふまえた斜面の管理が大切である。

玉川上水の30キロメートルにも及ぶ緑の帯は、都市化が進んだこの地域においては極めて貴重な緑で、人々の生活に潤いを与える景観的な機能だけでなく、防火樹林帯としても、生物の移動のための生態的回廊としてもその機能が期待されているのである。

行き方…ＪＲ中央線 東京駅→新宿駅→ＪＲ山手線 高田馬場駅→西武新宿線 花小金井駅→玉川上水下流

都会の中で移りゆく自然「国立科学博物館附属 自然教育園の森」

入園者を300名に限定

自然教育園の森は港区白金《しろかね》にある。この地域一帯は武蔵野台地の東部に位置し、河川や海に台地が削られ、淀橋台の南に張り出した半島状の所にある。教育園の面積は約20ヘクタール、園内の標高は16～40メートルで、台地を切り込むように谷戸が入り込み、それらをつなぐ斜面がある。昔のこの地域の地形的特徴がよく保たれている場所である。

この園は「自然の移りゆくまま、できる限り自然本来の姿に近い状態で残したい」という考えのもとに設置された国立科学博物館の付属施設であり、その目的のために、園内の自然への人の干渉は極力抑えられている。年間を通して訪れる人は多いが、園内保護のため、同時入園者も300名に限定している。中に一歩足を踏み入れると、都会の喧噪の中にいながら、それを忘れさせる静かな世界が広がり、植物の持つ機能の偉大さを感じさせてくれる。

平賀源内《ひらがげんない》ゆかりの珍しい植物？

この土地は、南北朝時代には、「白金長者」と呼ばれた柳下上総介という人物の館があったと伝えられる。江戸時代になると、この白金一帯は武家屋敷と寺社領が広がる地域となり、この園の場所は寛文4（1664）年に水戸黄門こと水戸光圀の兄である松平讃岐守頼重の下屋敷になった。園内にはその時代に造られた大名庭園の名残として、ひょうたん池、滝を伴う曲水の跡や屋敷を囲んだ土塁の跡も多く見ることができる。また、その時に生育していたマツの大木（「物語のマツ」「大蛇のマツ」）も見ることができる。

この下屋敷の中には薬草園も設けられ、5代藩主頼恭の時代には、当時最先端の蘭学者であった平賀源内もここを訪れている。最近、ここでトラノオスズカケという植物が発見された。この植物はゴマノハグサ科のツル植物で、この種は中国から九州、四国までに分布しているが、関東には分布しない。このことから、四国出身の平賀源内が持ち込んだのではないかと噂されたこともあった。今でもトラノスズカケは毎年、水鳥の沼付近で紫色の個性的なきれいな花を咲かせている。

下屋敷跡のアカマツ

明治時代は陸海軍の火薬庫

時代は下り、明治４（１８７２）年にこの土地は松平氏から明治政府へ上地された。この頃以降に大名庭園の大部分は破壊されて、消滅したらしい。明治時代には陸海軍の火薬庫となり、人による利用はほとんどなかった。

大正時代には宮内省帝室林野局の所管となって白金御料地と呼ばれ、明治神宮の森の造成の折、園内の多くの樹木が明治神宮用地に運ばれた。昭和８（１９３３）年には御料地の一部、３・２ヘクタールが分割され、現在は東京都庭園美術館になっている朝香宮邸が建設された。

戦争中は防空壕とサツマイモ畑

第２次世界大戦中は園内には多くの防空壕が掘られ、空き地はサツマイモの畑となっていた。非常事態ということで、開墾や防空壕建設によって園内の森は壊滅寸前になった。今でも注意してみると、２メートルほどの長い窪地になった防空壕の跡をところどころに見ることができる。終戦直後は、管理統制がきかなくなった社会情勢の中で周囲の板塀の板は持ち去られ、多くの樹木が伐採され、樹木のない土地が広がる荒れた地域になってしまったという。昭和23（１９４８）年には、この地は宮内省から文部省へ所管替えになった。その後の議論を経て、この場所を「自然教育園として、現状の保護、保存を図ると共に、学校及び社会一般の利用に供すること」とした管理方針が決まり、同年11月３日に「国立自然教育園」として一般公開を開始、翌年の昭和24（１９４９）年には「史跡名勝天然記念物」に指定された。

その後、昭和39（１９６４）年の東京オリンピックを控えて、園の西側に首都高速道路２号線が走ることになり、園の西側の部分が切り取られ、３カ所の飛び地が発生した。

「火伏《ひぶせ》の木」の防火力

地震大国のわが国では、近い将来、太平洋側地域で大規模な地震の発生が予測されている。地震の後には必ず二次災害として大規模な火災が発生する。その際の避難場所の確保が極めて重要であるが、この自然教育園は周囲を火に囲まれた場合、火を防ぎ、避難した人を安全に守ることができるであろうか。

自然教育園の周りは松平讃岐守の下屋敷であった時代に周囲を取り巻くように土塁が造られている。内側の道脇や屋敷跡などにも土塁がある。現在、この土塁の高さは2～４メートルであるが、かつては高さも幅ももっと大規模であったと考えられる。

土塁の上にはスダジイ、アカガシが植えられており、それらはみな老木で、樹齢３００年前後を経過している。これらの樹種は「火伏の木」と呼ばれる燃えにくい木で、つまり防火力の高い樹林が自然教育園全域を取り巻いていることになる。この植栽は冬季の季節風の遮断、あるいは周辺からの遮蔽の意味もあったであろうが、もらい火を防ぐための「火伏の木」としての効果も期待されていたと考えられる。まさに、防火対策を備えたいにしえの人の知恵である。

昭和55（1980）年から、私たちは植物の持つ防火機能に注目して、植物を活かした安全な避難緑地のあり方の研究を始めた。その中で、自然教育園の防火力に注目し、具体的な調査を行っている。**〈図1、2〉**は植物の防火力を元に植物群落の防火力で自然教育園を診断したものである。**〈図1〉**は自然教育園に代表的な林を構成する種で判断される各階層の防火力診断図、**〈図2〉**は自然教育園全域での防火力分布図である。この診断図から、園内には防火力が異なる森林群落が分布していることがわかる。

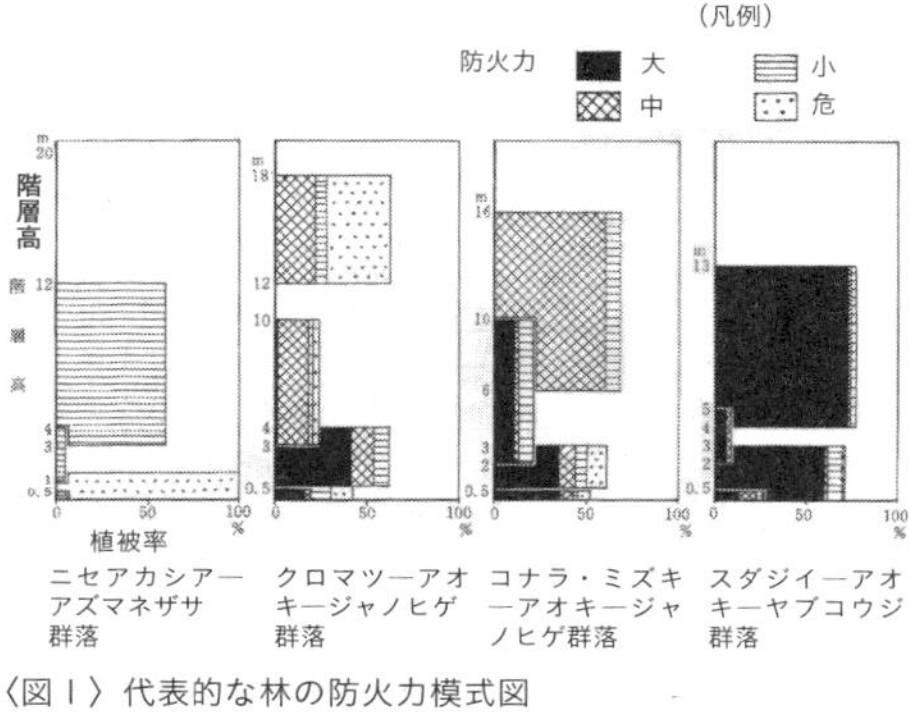

〈図1〉代表的な林の防火力模式図

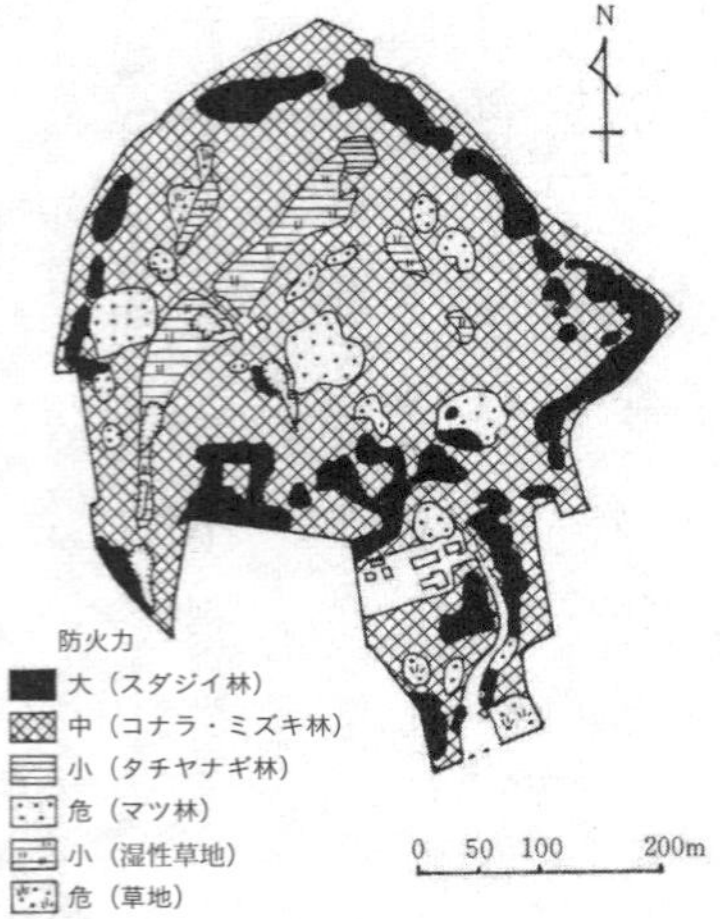

〈図２〉自然教育図の防火力分布図

土塁上のスダジイ

園内の森は動いている

園内の森の分布を見ると、園内で最も広い面積を占めるのは落葉樹のミズキ林で、これは戦後、荒廃地に発芽し、生長して分布を拡大したものである。古い雑木林の姿を保つコナラ林やアカマツ林、クロマツ林なども見られるが、アカマツやクロマツの針葉樹は急激にその本数を減らしている。これに対して、常緑広葉樹のシラカシ、スダジイ、シロダモ、アカガシなどは数を増加させている。

自然教育園では、昭和40（１９６５）年に園内全域の目通り30センチメートル以上の樹木個体数調査が行われ、昭和62（１９８７）年からは5年ごとに調査が行われている。ここでは福嶋司・荻原信介の報告（２０１３年）を元に、その変化を追ってみよう。

開園時の昭和24（１９４９）年の測定では、園内全域の樹木は２９７０本であった。それがオリンピックの翌年、昭和40（１９６５）年には３８９１本に増加し、それから20年近く経った昭和62（１９８７）年には７６２０本、さらに、平成14（２００２）年には９５５７本、平成19（２００７）年には１０８７２本になっている。最初の測定に比べて、58年の間に3・7倍の増加である。しかし、その増加傾向は緩やかになり、平成22（２０１０）年には若干であるが減少の傾向にある。これはミズキが大量枯死したことが最大の原因である。

調査開始時からのミズキの挙動を見ると、ミズキは昭和58（１９８３）年までに確実に増加したが、その後は平成14（２００２）年までの20年間は約１４００個体前後で安定していた。しかし、２００4年以降、キアシドクガの食害によって枯死個体が増え、急激に減少し、平成20（２００８）年には７８１個体にまで減少している。一般に、ミズキの葉を餌とするキアシドクガは枯死に到るまで採食することはない。しかし、隔離された島状の空間である自然教育園では他の場所に移動もできないし、移動して採食する木もない。このことから、採食が集中し、結果的に枯死させる結果になったものと考えられる。このように、都会の中に島状に孤立して残った「緑の島」では一般には見られない現象も発生するのである。

本来、この地域の自然林を構成していたのは常緑広葉樹である。従って、壊された森も手を加えずに放置すれば、長い年月を経て常緑広葉樹林へと変化する。戦中、戦後、大規模に破壊された園の緑であるが、昭和24（1949）年からの保存管理によってその動きが加速している。常緑広葉樹の変化を見ると、昭和40（1965）年段階ではわずか528本であったが、平成19（2007）年には3890本で、調査開始から42年の間に7倍にまで増加している。このことからも、約半世紀の人為干渉の排除で、園では急速に遷移が進行し、常緑広葉樹林化が進んだことがわかる。

シュロ類も著しく増加した種である。調査開始時の昭和40（1965）年にはわずか3個体であったが、13年後には598本、さらに、平成9（1997）年以降は急激に増加し、平成19（2007）年には2048本になっている。これは他の地域では見られないほどの異様な生育で、緑を求めて訪れる鳥によって種子散布が行われた結果である。都市に残された孤立林、「孤立した緑の島」に特徴的な現象と言える。直径が小さいために計測されないが、アオキの増加も顕著である。特定種の異常な増加は、都市の中に残された緑の塊の持つ特有な偏った遷移的な変化「偏向遷移」が起こっているためである。

✈行き方…JR山手線 東京駅→目黒駅→国立科学博物館 附属自然教育園

１００年をかけて人工林から自然林へ「明治神宮の森」

１００年前に造成された森

明治神宮の森は山手線の原宿駅を出て神宮橋を渡れば目の前に広がる。その総面積72ヘクタールで東京ドーム15個分に相当する。

神宮の鳥居の前の広場に立つと、クスノキを中心とした大木が大きな樹冠を広げている。そしてその背後にはうっそうと森が茂る。それらの姿には圧倒されるが、それは約１００年前に計画的に造成された森であるから驚きである。

明治神宮は、明治天皇の崩御に伴い、大正時代に造営された神社である。明治天皇が崩御されてすぐ、造営庁を設置し、国として天皇を祀る神社の造営計画を進めた。そこで神社の造営場所、神社のあるべき森の姿が討議された。造営場所の候補地としては「森が存在するか、荘厳な森を創ることが可能な場所であるか」を基本に、東は筑波山、市川市の国府台《こうのだい》、小石川植物園、白銀火薬庫跡（現在の自然教育園）、御嶽山、西は箱根、富士山麓までが候補に挙がったという。種々検討の結果、最終的には代々木の地が選ばれた。

この場所は彦根藩井伊家の下屋敷の跡で、そこには江戸時代から周囲10メートルのモミがあった。モミは別名を「代々木」ということから、その場所が代々木という地名になったという。そのモミの巨木は戦争中に米軍の空襲を受け焼失したとのことである。今は、その跡にやや小さいモミが植えられている。

この場所は武蔵野台地東部の淀橋台にある。この地域は台地上の平坦地であるが、その中には渋谷川の小さな支流が流れている。北池の谷戸、東池の谷戸、南池の谷戸の3つの谷戸がそれであり、そこからの流れはすべて北から東へまわって渋谷川に注いでいる。

建設予定地の地形図を見ると、明治13（1880）年は、この一帯に畑と雑木林、茶畑が広がっている。その後の明治42（1909）年になると、南豊嶋御料地と代々木練兵場が広がり、他は針葉樹、広葉樹、草地の記号が占める。約30年の間に土地の利用形態が大きく変わっており、かつての畑は草地に変化している。そこに大規模な社と周囲に大規模な森が造成されることになったのである。

昔から存在した神々しさ

この森が造成されるまでにはいろいろな歴史があった。明治45（1912）年7月30日に明治天皇が崩御されると、さっそく神宮造営運動が開始され、大正2（1913）年3月2日に衆議院で神宮の造営が決定された。古来、神社は荘厳で静寂な森に囲まれて鎮座してきたことから、造営する神宮にもそのような森を必要とした。森林の姿を検討する中、委員の

１人であった当時の内閣総理大臣・大隈重信は、荘厳さと静寂さを醸し出すためにスギ林とすることを主張した。確かに、スギの社叢をもつ神社は多い。これに対して、東京帝国大学の教授であった本多静六は当初はスギがよいと考えていたようであるが、スギやモミは煙害に弱いこと、すでにこの頃、都心では大気環境が悪化していたことからスギの生育は無理であることを考え、この場所の気候や土地の条件にあったシイやカシを中心とする常緑広葉樹林を造成することを主張した。そして、結果的には、生態学的な裏付けをもった本多の案が受け入れられた。

こうして「昔から存在した神々しさを感じさせる［永遠の杜］を創る」という計画がスタートした。この時、森づくりの際のモデルとされたのが、大阪堺市にある仁徳天皇陵だったという。この計画を進めるにあたって、植栽後50年、１００年後、１５０年後の森の変化を想定した3段階の予想林相図も作られている。

この計画図では、初期段階はマツ類が主な林、その次の段階はヒノキ、サワラの林、そして長い年月の間に自然淘汰を経て最終的にはシイ類、カシ類、クスノキなどの常緑広葉樹となるとしている。また、いくら安定した自然林の樹種から構成するといっても常緑樹だけでは変化がなく重苦しいので、クロマツ、ヒノキ、コウヤマキなどの尖った樹形の針葉樹を入れ、新緑や紅葉の美しいイチョウ、ケヤキ、ムクノキ、カエデ類なども入れて変化を持たせ、新緑や紅葉と深緑の常緑樹とのコントラストが見られるように計画した。

さて、次は計画に用いる材料、つまり、生きた樹木をどのように調達するかである。それを「献木《けんぼく》」として、全国から集めることとした。献木は、活着、生長が見込め、境内にふさわしい自然の樹形であることを条件に全国に呼びかけた。これに多くの団体、学校、個人が応じた。岡山県の22町村からは総計1万5千本もの献木があったという。これらの献木を搬入するために、山手線から神社用地まで引き込み線が設置された。このようにして集められた献木は大正10（1921）年の8月までには9万6千本に達したという。植栽が予定された12万本の植栽木の、実に87％であり、それが短期間に集まったことは驚きである。

樹木が集まったとしても、それを植栽しなければならない。そこで、各地の青年団に協力を募った。その結果、209の奉仕団体、1万3000名、延べ約11万人がこれに参加することとなった。このような経緯を経て、造成計画は大正4（1915）年に決定・着工し、大正10（1921）年に完成を見る。植栽された樹木は順調に生育して、森林の形成は確実に進んでいった。

第2次世界大戦中の昭和20（1945）年4月14日の空襲では、この地域に1330発もの焼夷弾が投下された。そのうちの一部が明治神宮の社殿を焼失させ、残りは植栽から30年足らずの森林地域に着弾した。しかし、林内の土壌が柔らかかったことから、焼夷弾は土に突き刺さって発火しないものが多く、また、燃えにくい常緑樹が多かったことから火を噴いても延焼が阻止された。ここでも、樹木の持つ防火機能が発揮されたのである。その後は、大きな災害もなく順調に森は成長を続けてきた。

都内最大規模の「緑の島」

造成から１００年近くを経た現在、明治神宮の森では、確実に自然の遷移が進み、今では木々がうっそうと繁っている。当初の計画の通り、クスノキ、シラカシ、スダジイを中心とする樹木は旺盛に生育し、都内最大規模の「緑の島」が完成した。この森は、造成から１００年を経て外見では自然林の様相を示す森林になっている。

平成25（２０１３）年には、「明治神宮鎮座百年」を記念して行った神宮境内の総合調査報告書が出版された。それによれば、平成の調査では、神社全域に植栽した樹木を含めて種子植物の５８６種が掲載されている。当初植栽した樹木はカシ類、ツツジ類、カエデ類、サクラ類を1種として24種であるが、多く見積もっても50種はなかったであろうから、５００種以上の樹木や草本が造成後に生育したことになる。また、シダ植物が74種も掲載されているが、これも森林の形成過程で生育したものである。これらのことは、大規模な地域に森林を造成する場合、その核になる樹木を植栽すれば、長い年月の間にいろいろな植物が侵入、生育することを示すものである。また、外来種子植物種は63種で、全種子植物の10％強を占めている。それらの大部分の種は参拝者が知らないうちに持ち込んだものであろう。

ゆっくり自然林へ変化

この森は今後どのようになっていくのであろうか。現在の森林の大部分では当時植栽された常緑樹が成長して高木層に繁り、隙間のない密な樹冠を形成している。そのため林内への光の射入が少なく、暗いところが多い。下層に生育しようとする植物にとっては悪い環境である。そのため、多くの場所で階層構造の発達が悪い。各所に見られる自然林としてのスダジイ林も確かに暗い。しかし、よく見ると樹冠のところどころに穴があいていたり、落葉樹が混じっていたりする。そして、その下には次の世代が育っているところが多い。これは上層部を形成する樹木が枯れたり、大規模に枝が折れたりした結果であり、自然林ではこのような変化が各所で起こっている。外からは変化していないように見える自然の森も、多様な植物が枯れたり成長したりしつつ、全体の動きの中で安定しているのである。ここの森でも、今は暗いが、今後は高木が樹齢を増すごとに枯死が起こり、その下に生えた若木が成長し、ゆっくりと本来のこの地域の自然林に向かって変化していくのであろう。

この神宮の森は造成された人工林である。しかし、自然の森と見間違えるほど大木が林立した立派な森である。東京でも計画的に土地にあった植物の性質を活かしながら森を造成すれば、約100年でこのような森ができるという貴重な証明でもある。

✈行き方…地下鉄丸ノ内線 東京駅→国会議事堂前駅→千代田線 明治神宮前駅

防人《さきもり》が振り返り、名残を惜しんだ「よこやまの道の森」

北はニュータウン南は森

よこやまの道は多摩丘陵の中を東西に走る山道を中心とする地域である。

そこをなぜ、「横山」と呼ぶのであろうか。その昔は東西を「横」、南北を「縦」呼んでいた。そこで丘陵が長く横につながっていることから横山と呼んだという説がある。また、ひとつには武蔵国の国府のあった府中から見ると、南に広がる多摩丘陵は東西に長く延びる形で横たわっており、その形から「眉引き山」とも横山とも呼ばれたという。また、ひとつにはこの地方の豪族が、秩父党につながる武蔵七党のひとつ「横山党」であることにちなんで、とも言われている。

東京都は昭和25（1950）年に八王子市南部・日野市・多摩市にまたがる丘陵地域一帯を、土地利用形態や地形と植生の多様さから多摩丘陵都立自然公園に指定している。

この地域は東京都の都心や横浜市の中心部から近いために70年代から多摩ニュータウンや港北ニュータウンの開発が進められ、地形の改変と緑の急激な減少が起こった。北側（多摩市側）では斜面を削って造成された広い地域に団地の住宅群が目立ち、よこやまの道のすぐ下には並行するように幅広い尾根幹線道路が走っている。一方、尾根道を挟んで南側（川崎市、町田市側）では谷戸はほとんどの場所で埋め立てられて住宅地やグランドになっているものの、昔からの土地利用形態が残り、まだ広い地域に森が残っている。これほど明確に右側と左側で土地利用の違いを比較できるところはないのではなかろうか。この地域には古くから人が住み、現在の団地地域には1000ヶ所に及ぶ縄文遺跡が発掘されている。その時代の家屋復元や発掘品は多摩センター近くの東京都埋蔵文化財センターで見ることができる。

万葉集にも詠まれた古道

よこやまの道は、古代の主要路は湿地の広がる河川沿いや低地を避けて、比較的歩きやすい丘陵の上に整備されていた古代のメインルートであった。行き交った人の中には遠く九州の大宰府、さらには対馬や壱岐に渡った東国の「防人」も多くいた。万葉集の20巻4417に載る、宇遅部黒女《うじべのくろめ》の詠んだ「赤駒を山野《やまの》に放し捕りかにて多摩の横山徒歩《かし》ゆか遣《や》らむ」はこの地域を徒歩で歩いていく夫を、その妻が詠んだものとして有名である。「放牧していた馬を捕まえることができなかったので、あなたを徒歩で遠くまで行かせることになってしまった（それが心残り）」という意味らしいが、元気で帰ってくるかどうかもわからない夫を遠くに遣る、妻の切なさが伝わってくる。

この時代、防人は武蔵国府中に集合して、引率者のもと徒歩で多摩川を渡り、この道を歩いて難波に向けて出発した。食料・武器などは自弁であったが、馬も引いていくことができ、母親だけが残ることになる場合は母親も同道してもよかったという。九州での任期は3年、大きな戦はなかったものの、任が解けても多くの者が故郷の土地は踏めなかったという。

また、この丘陵を南北に切るように奥州古道、鎌倉裏街道、鎌倉街道上ノ道などが通っていた。その道の跡を今でも辿ることができる。鎌倉時代末期には、鎌倉に向けて新田の軍勢もこの道を通過していったであろう。

パッチワークのような植物群落

現在のよこやまの道は京王線の若葉台駅、あるいは、小田急多摩線からスタートし、唐木田までの丘陵の道を指すことが多い。若葉台駅を出てしばらく住宅や施設などの間を進むと傾斜になる。そこで尾根のよこやまの道に辿り着く。途中、散策の人が多いのに驚く。また、マウンテンバイク、ランニングの人にもよく出会う。しかし、道幅が広いことからトラブルもなく、道はゆっくりした曲がりと、少しのアップダウンを繰り返す。

この丘陵部の森林はコナラを主体に、クヌギを交える落葉樹林（雑木林）が中心であり、スギ林、ヒノ林などの針葉樹植林がほとんど見られないのがひとつの特徴である。尾根の所々にはマツノザイセンチュウによる松枯れ被害を受けて枯れたアカマツが目立つ。かつてはアカマツの多い林であったことが推定される。

この丘陵部の植物を見ると、武蔵野台地には見られない植物が多く見られることに気付く。ここでは普通に見られるアカシデ、リョウブ、キブシ、コウヤボウキ、ヤマツツジなどは武蔵野台地の平地林には見られない植物である。また、スダジイ、シラカシなどの若木や、その下にヒサカキ、アオキ、ヤツデ、ヤマイタチシダ、ベニシダ、ヤブラン、ジャノヒゲ、キヅタ、テイカカズラなど常緑の植物が多く生育している。林の全体の種類構成は、西につながる高尾山のそれに近い。また、ある場所ではコナラと同じくらいの高さのシラカシが高木で混在している場所も見られる。そこの林内にはアズマネザサが見られなくなり、アオキが多くなる。伐採や下刈りなどの雑木林の管理が停滞すると、人が手を加える以前にこの地域の自然林に分布していた植物が再び生育を開始するようになることの証明である。

このように、いろいろなステージの雑木林がパッチワークの布を1枚1枚つなぎ合わせたように、次々と現れるのがこのよこやまの道の植生の特徴である。

「防人見返りの峠」からの眺望

しばらく行くと、瓜生《うりゅう》往還道がよこやまの道に交差する。この道は、川崎市麻生区の黒川と多摩市永山の瓜生を結んでいた江戸時代からの道であり、昭和初めまでは黒川の特産品であった「黒川炭」や「禅寺丸柿」を運んだ道である。少し行くと、南側のよこやまの道に並行して畑が現れる。そこは一段低く、古代の東海道であったと推定されている。そしてすぐに見晴らしのよい「防人見返りの峠」（多摩丘陵パノラマの丘）に出る。この峠は宇遅部黒女が詠んだ東歌にちなんで名付けられたもので、海抜１４５メートルの地点にあり、コースの中では一番眺望がよいところである。北側には多摩ニュータウンが広がり、遠くには丹沢、奥多摩の山々が一望できる。また、浅川に面した崖線には列状に残る緑の帯も見える。さらに、北を望むと広大な広がりを持つ武蔵野台地が望まれ、さらに北には、狭山丘陵を望むことができる。

「防人見返りの峠」から西に向かってはなだらかに道が下り、国士舘大学裏の里山の中を通って多摩ニュータウン市場の南の高台でいったん途切れる。広い鎌倉街道脇まで下ると、鎌倉街道の上に架かった橋を越え、左折して再び林に入る。

大きな材木のない土地の工夫

尾根道を進むと再び南北の道に出る。この道も鎌倉古道と言われている。向いが恵泉女学園大学で、それを過ぎると一本杉公園入り口に着く。一本杉公園は緩い地形を利用しながら整備された公園で、園内には18世紀頃に建てられた旧有山家住宅、旧加藤家住宅が移築されている。びっくりするのは、座敷の床が「竹簀《たけす》の子」張りで、が、これがこの地域の古式の家屋に一般的な形式であるという。１枚の板を作るためには、大きな鋸《のこぎり》を使って長い時間をかけた作業が必要であった昔、板は貴重であった。また、雑木林が広がり、マツ材以外に大きな材が求められなかったであろうこの場所で、床に竹を使うことも納得できた。

少し進むと大きなスダジイの大木が目に飛び込んでくる。これは多摩市の天然記念物に指定されている個体で、樹高16メートル、幹回り3・6メートルあるという。樹齢は定かではないが、この場所の自然林の断片を残すものとして貴重である。

さらに西に進むと町田市小野路に続く道路に出る。この付近には都から東北へ続く「奥州古道」があったと言われ、かつてその道端で旅人が道中の安全を願った石仏が1ヵ所に集められている。少し迂回しながら先へ進むと、中坂公園に出る。そこからは天気の良い日には房総半島が望めるという。園内にはスダジイの若木が多く生育し、その下にはシラカシ、シロダモ、アオキなどの常緑樹に加えて、丘陵地の植物、アカシデが生育する。

よこやまの道は変化に富む景色、次々と移り変わる森の姿と植物が楽しめ、行程が楽なこともあり、その距離を感じさせない。

行き方…JR中央線 東京駅→新宿駅→京王線 調布駅→京王相模原線 若葉台駅→横山の路

シロダモ

ヒサカキ

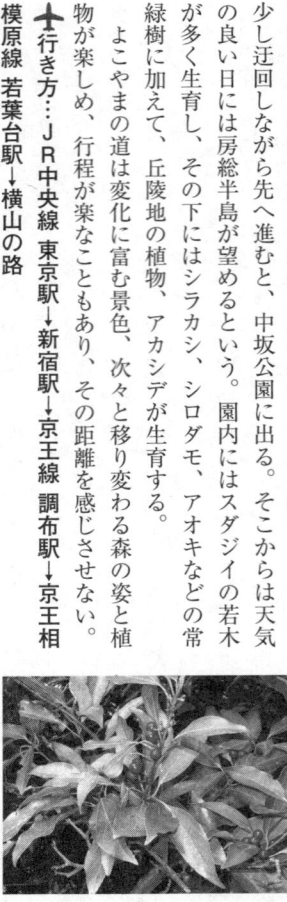

天然のクーラー「等々力渓谷《とどろきけいこく》の森」

世田谷区にある渓谷

都会人の心と身体を癒してくれるオアシススポット、天然のクーラーの役割をした等々力渓谷は東急大井町線の等々力駅から南に歩いてすぐのところにある。谷に面する台地上は住宅になっているが、一部には、武蔵野の雑木林とケヤキ、シラカシなどからなる屋敷林が残る。この台地付近は湧水も含めて水利の便がよかったと見え、古墳時代末期からの横穴式古墳が谷に面した斜面に3カ所もある。駅を降りてゴルフ橋入口階段を下りると、もう谷の底に着く。そこから下流に向かって散策路が伸びている。

人によって作られた渓谷？

等々力渓谷は国分寺崖線の最南端に位置した谷であり、谷沢川《やざわがわ》が浸食してできた全長1キロメートルの渓谷である。都内で唯一自然の谷壁が多く残る渓谷で、谷の深さは10メートル程度ある。等々力の地名は渓谷内の不動の滝の音が響き渡り、轟《とどろ》いたことから付いたと言われる。年間を通して散策する人は多いが、夏には涼が求められる別天地としてその数を増す。

この渓谷を流れる谷沢川は用賀付近の湧水が小さな流れとなり、それが川となって多摩川に注いでおり、多摩川の手前で河岸段丘を削って作られたものである。しかし、この渓谷の広い谷は、この谷沢川の水量だけでこれほど深く浸食するのは無理であり、人によって意識的に導水された結果ではないかと考えられている。つまり、近くの九品仏川流域にある水田で利用した水を排水するために、人によって意識的に2つの川が結合され、この川に多くの水が流された結果、水量の増加によって浸食が進んだと言われている。そのため、等々力渓谷は武蔵野台地を形成する地層が観察できる場所でもある。地層は上から立川ローム層、武蔵野ローム層、東京軽石層、武蔵野礫層《れきそう》、渋谷粘土層の順に見られる。斜面には渓谷林が形成され、湧水があり、ここはまさに他では見られないような特殊な環境と言える。

29種のシダ植物が見られる

渓谷の南端には龍轟山明王院《りゅうごうざんみょうおういん》という不動尊があり、その左階段下に不動の滝がある。この渓谷は昭和８（１９３３）年に風致地区に指定され、昭和49（１９７４）年に世田谷区立等々力渓谷公園として位置付けられ、等々力不動尊と合わせた約３・５ヘクタールは平成11（２００９）年3月に東京都の名勝にも指定されている。斜面にはケヤキ、ミズキ、ムクノキ、イロハモミジ、ハンノキ、コクサギなどの落葉樹、台地の縁にはイヌシデ、コナラ、シラカシ、ハリギリ、ヤマザクラなどの目立つ群落が広がる。

この渓谷での詳細な植物相調査（フロラ調査）が平成15（2003）年に行われている。

それによれば、等々力渓谷には維管束植物が合計96科323種（亜種、変種、品種、雑種を含む）確認されており、そのうち種子植物が293種、シダ植物が29種である。草本としては、アスカイノデ、イガワガネゼンマイ、イワガネソウ、ジュウモンジシダ、イワイタチシダ、リョウメンシダ、ヤマジノホトトギス、セキショウなどのシダや草本が多く生育している。湿った立地を好むシダ植物の多いことが特徴である。

その中の、ハリギリ、イワイタチシダ、ジュウモンジシダ、リョウメンシダ、ヤマジノホトトギスなどはより高標高地域に分布する山地性の種である。ここの谷地形《たにちけい》という低温、湿潤な環境がそれらの種の生育を支えているのであろう。また、自生種が222種（68・7%）で全体の3分の2を占める一方、江戸末期以降に、定着した帰化植物も18種が生育し、ピラカンサ、ヒイラギナンテンなど庭園や公園などから逸出した植物も7種生育している。庭などに栽培種している植物も76種見られることから、都市域の中に残された人手の加わった緑地としての性質が強く表れている。学術的な意味合いはさておき、ここは東京23区内で唯一の渓谷であることがなによりも特徴である。切り立った崖の底を流れる清い谷沢川のせせらぎが、東京砂漠で乾ききった都会人の心と身体を癒してくれるオアシススポット、天然のクーラーの役割をした渓谷であることは間違いない。

✈行き方…JR京浜東北線 東京駅→大井町駅→東急大井町線 等々力駅

世田谷区にあるとは思えない等々力渓谷。駅から徒歩数分で到着する。

イロハモミジ

イヌシデ

激戦地が静かな森林に「八王子城址《はちおうじじょうし》の森」

戦国末期の典型的な山城《やまじろ》

八王子城址へはＪＲ中央線高尾駅北口からバスに乗り、高尾街道を北上して「霊園前」で下車する。そこから城山側に沿う道を歩くと、眼前にひときわ高い山が出現する。これが八王子城のある山である。さらに行くと駐車場になっている平坦地を経て約20分で八王子城址の情報提供を行っている管理棟に着く。この八王子城は小田原に本拠地を置く北条氏の関東における拠点で、甲州の武田信玄の関東への進行を食い止めるために建設された戦国末期の典型的な山城である。城は北浅川と南粟川に囲まれた急峻な地域に、東西約３キロメートル、南北約３キロメートルに広がる。この城址は昭和26（１９５１）年6月に国の史跡に指定された。その後、平成18（２００６）年には、戦国の山城としての形態をよく残しているとして日本城郭協会から「日本１００名城」に指定されている。

城は標高４４５メートルの深沢山（城山）山頂の本丸を中心に尾根一帯に松木・小宮曲輪《くるわ》など、尾根や谷を巧みに利用し、何段もの曲輪を配置している。ここは戦に備えた「要害地区」と言われる。一方、普段の生活は山麓の城山川沿いの狭い平坦地で送っていた。平坦地の最上部の「居館地区」は御主殿と呼ばれた北条氏照が政務をとり生活した場所である。それに続く「根小屋地区」は侍の住む城下町地区であった。

この地域は今から7000万年以上前に海底で堆積した砂岩や泥岩からなる小仏層群の地層であり、長い年月の間に浸食が進み、深い谷と瘠せた尾根からなる急峻な地形を形成している。これはまさに、山城の建設に好都合な地形である。また、この城址の各所に見られる石垣の石もこの小仏層群の岩石が使われている。これは織田信長の築いた安土城を参考にしたとも言われる。

川の水が赤く染まる激戦

北条氏照はここに天正10（1582）年から築城を開始し、天正15（1587）年頃、拠点を移したと言われている。記録によれば、上野方面から関東入りし北条方の城を次々と落とした前田利家と上杉景勝の攻撃軍15000が、天正18（1590）年6月24日（旧暦）の午前2時頃、城兵3000が守るこの城に襲いかかった。その時、城主の北条氏照は北条氏の本拠地である小田原本城の守りについて不在であった。朝霧の中を上杉軍は城の東の追手口、前田軍は城北のからめ手から攻撃。攻撃軍は直径5センチの抱え大砲を多数打ち込んだという。城兵はよく防戦したが、内部の裏切りにより建物に火が入り、午後4時頃に落城したという。築城から3年間の短い寿命の落城であった。この一日の戦いで上杉方の得た首級は33、前田方は２８０であったという。落城により、女子供たちは御主殿の南の滝「御主殿の滝」に身を投じるなど自害して果てた。そのため、城山川の水は三日三晩、真っ赤に染まったという。

八王子城下の中宿集落では6月24日に赤飯を炊く風習があると聞く。兵火を免れた村人が城山川の水で飯を炊いたら、赤く染まったことから、落城で命を落とした人々の冥福を祈る意味で炊くのだという。

ベネチアのレースガラスが出土

平成２（１９９０）年、落城から４００年の節目に、御主殿地区の石垣、虎口などの通路、御主殿に続く古道が整備された。

管理棟前から明治時代に作られたという道を城山川沿いに歩き、途中で川を渡る。この対岸がかつての道路であり、礎石が見つかったことから、そこに大手門があったことが昭和63（１９８８）年の調査でわかった。ここからが古道と呼ばれる道である。

古道は斜面下部の谷沿いにあることから湿性立地を好む植物が多く、タマアジサイやヤマアジサイなども多く見られる。さらに進むと再現された木造の橋が4段の石垣の上に架かる。当時は曳橋《ひきはし》であったらしい。この石垣はすべて小仏層群の堆積石で、前の川や周辺から切り出したものである。橋を渡ると石畳と石垣になる。曲輪の出入り口が直進できないように配置され、コの字型に曲がる「虎口」になっている。この場所は、石垣や石畳に当時のものを利用し、可能な限り当時を忠実に再現しているという。

御主殿地区は会所と主殿、庭よりなる。会所の周りは土塁になっており、そこからは真下に橋が見え、上から攻撃しやすい構造になっている。この場所は山の斜面の下部に当たることから水は豊富であったろうが、庭跡に生えるケヤキにはコケがびっしり着いている。このことから推定して空中湿度が高い場所であり、生活は必ずしも快適ではなかったであろう。発掘調査では2棟の大型建物跡や池を配した庭園跡と、7万点を超える遺物が見つかっている。6年をかけて接合作業をした結果、その中にはベネチアで生産されたレースガラス器があった。それは日本国内での出土は八王子城のみで、大変に貴重なものであるという。

アラカシ林を抜けて山頂へ

本丸に向かって管理棟から坂を登る。途中、道のあちこちに角張った石を積んだ石垣が残る。さらに狭い尾根道の急斜面を登ると金子曲

コケがびっしり着いている
ケヤキ。

輪に出る。この周辺一帯はアラカシ、ヒサカキなどが目立つ常緑広葉樹二次林である。その南側は尾根を切り、何段かの平坦地をひな壇のように造成している。展望がきく場所で、かつては何らかの敵の侵入を防ぐ工夫がされていたのであろうが、今は何事もなかったかのように、草むらの中に若いサクラの木が植えられている。さらに登ると、南側一帯近くに団地、遠くに八王子の街が見える。この一帯のアラカシ林はアラカシの樹高が高く直径も大きくなる。落葉樹のリョウブ、キブシや常緑樹のヒイラギ、アセビ、ヒサカキなどを眺めながら、マルバウツギ、コウヤボウキ、ヤマツツジ、コアジサイ、ヤマイタチシダなどをかき分けて、くねくねと曲がる道を進むと平坦地になる。ここに松木曲輪、小宮曲輪の跡がある。さらに一段高い場所に「八王子神社」がある。この神社は氏照が城の守護神として八王子権現を祀ったもので、城の名称や八王子の地名の由来になったとされる。神社にはイロハモミジの大径木がある。また、神社横の小さな社は本丸を守って戦った横地監物《よこちけんもつ》を祀ったもので、もともとは監物が再起を期して落ち延びた末に自刃した奥多摩にあったものだが、その場所が小河地ダムの湖底に沈むことになったので、ここに移したという。山頂が本丸址で、城の中心である。周囲を直角に切られた急斜面で面積は小さい。天守閣など大きな建物はなかったと考えられている。要害地区と言われるだけあって急峻な地形で平坦地はない。戦に備える場所で、日頃は生活しなかった所とはいえ、ずいぶんと窮屈な場所であるとの印象が残った。

行き方…JR中央線 東京駅→高尾駅→バス→霊園正門 バス停

2つの火山からできている「八丈島の森」

「ひょっこりひょうたん島」のような島

伊豆諸島の島々は約200万年前からの火山活動で形成され、海面から700〜800メートルに形成された火山島群である。そのひとつである八丈島は、東京から南へ約290キロメートルの距離にあり、伊豆諸島の中で伊豆大島に次いで2番目に大きな島である。その周囲は59キロメートル、面積71・44キロ平方メートル。島は全体にひょうたん型をしている。それは八丈島が形成年代の異なる2つの火山からなり、その間の平地がつながっているからである。

南東の山は三原山（東山）（海抜701メートル）で、今から10万年前から数万年前に噴火した玄武岩質の火山であるが、約2000〜3000年前には活動を停止している。活動停止以降は浸食が進み、今では比高差30〜50メートルある尾根と谷が刻まれている。

西の八丈富士（西山）（海抜854メートル）も玄武岩質の山であるが、三原山の噴火停止後すぐに噴火を開始している。火口は直径400メートル、深さ50メートルの大きさを持ち、火口底には中央火口丘がある。いわゆる二重式火山である。江戸時代の1707年、富士山の宝永火山が噴火したその年にも噴火したとの記録がある。山全体は溶岩とスコリア（火山噴出物）で覆われているが、若い火山であることから浸食が進んでおらず、斜面に深くても10メートルほどの谷が形成されている程度である。土壌の形成も悪い。

これら2つの火山を浸食した土砂が2つの山をつなぐように堆積して、島をつないだ平坦地が形成され、そこに島の大部分の集落と飛行場がある。島の気候は温暖多雨で、年平均気温18・5℃、最寒月も10・5℃、年降水量が3313ミリある。東京に比べて2・2℃高く、年降水量は1785ミリ多い。

2つの火山は植物が異なる

島の低地から山頂部にかけての植生分布を見ると、島の海岸線は切り立った崖地のところが多く、汀線《ていせん》（陸が海に接するところ）近くにはハチジョウススキやイソギクなどの海岸植物群落を見ることができる。しかし、礫《れき》や溶岩が露出した岩石海岸であるため、砂浜はなく、砂浜に特有な海浜植物群落は発達しない。島の海岸斜面には高さ3～5メートルの低木群落が発達している。この低木林は八丈島に特有なものではなく、伊豆半島、房総半島、三浦半島などの海岸線にも分布している群落である。山の中腹までは人の影響を受けた二次林（萌芽林）の占める割合が高くなっている。

形成の歴史が異なる三原山と八丈富士では、その違いを反映して異なる植物群落が分布している。

歴史の古い三原山では、スダジイの多い林が広がっている。スダジイの高木層の下に、タイミンタチバナ、コハクサンボクなどの樹木とカツモウイノデ、ハチジョウカグマなどのシダ植物が生育する。このスダジイ林は主に三原山の海抜540メートル以下に分布する。

一方、歴史の新しい八丈富士には山麓部の一部を除くとスダジイ林はほとんど見られず、同じ高度にはタブノキの多い林が発達している。高木層にはタブノキと落葉性のオオシマザクラ、カラスザンショウなどが混生し、林床にはハチジョウイボタ、オオシマカンスゲなどが多く生育している。

2つの山では歴史の違いは土壌の違いとしても反映されている。三原山では褐色森林土が形成されているのに対して、八丈富士はスコリアや溶岩などの性質が強く残り、土壌の形成が十分ではない。そのため、より立地の安定を好むスダジイなどの種が定着できないのである。

さらに、スダジイの木の実は鳥が食べない。ころころと転がって移動する重力散布種子であるから、移動する距離もそう広範囲ではない。稀に、鳥によって運搬されるとしても、定着する立地が用意されていないのである。一方、八丈富士に多く分布するタブノキ、ヒサカキ、ハチジョウイヌツゲはその実を鳥が食べ、散布する、いわゆる動物散布の樹種である。さらに、それらはより未熟な立地にも定着し、生長することができる。同じく八丈富士に多く見られる落葉樹のオオバヤシャブシは、種が小さく風で飛ばされ、明るい場所に生育する。つまり八丈富士は、鳥か風が運んだ植物で主に構成されているという特徴がある。

伊豆諸島固有の植物たち

2つの山の海抜450メートル以上にはユズリハ、ミヤマシキミ、オオキジノオ、シュンラン、キッコウハグマ、アケボノシュスランなどが特徴的に生育する低木群落が発達している。この群落はより低海抜地域では高木林を形成しているが、高度が上昇すると共に強い風の中に置かれるため低木林となったものである。また、風衝地にはハチジョウイヌツゲ、ハチジョウイチゴ、ハチジョウアザミなどの伊豆諸島固有の植物種を含む低木林の分布することも特徴である。さらに、噴火の歴史が新しい八丈富士の山頂部の火口の中には、もうひとつ火口が口を開けたような形になっており、そこにも低木林が広がっている。

2つの山の高度から考えると、上部付近には東京の高尾山で見られたようなアカガシ、ウラジロガシ、アラカシなどのカシ類を主体とする常緑広葉樹林が発達してよいはずである。しかし、八丈島ではその群落は見られず、別のユズリハやヤマグルマの群落になっている。しかしその群落の構成種の中には、本土のカシ林と同様にミヤマシキミ、キッコウハグマなどの植物を見ることができる。本来、カシ林となる部分が島特有の別の群落に置き換わっているのである。

八丈富士も三原山も登山は可能で、中腹の登山口から幾本かの林道を経て山頂に登ることができる。登山をしながらこのような珍しい植物群落の性質を比較することも楽しい。

✈行き方…羽田空港→八丈島空港→車か自転車で八丈富士登山道入口

八丈富士の山頂。火口底に中央火口丘があって、いわゆる二重式火山になっている。

三原山

八丈富士

第2章　関東の森

過酷な自然に抗う人間の知恵が生んだ「三富新田《さんとめ》の森」

痩せた水のない地域

三富新田は埼玉県所沢市と吉富町に広がる地域に、新田として江戸時代に開発された。ここは江戸の中期までは荒れた土地で、肥料や牛馬の飼料にされる秣《まぐさ》や屋根を葺くための萱《かや》を採草した周辺29ヶ村の入会地《いりあいち》であった。

本格的にこの辺りが開発されるようになったのは江戸時代初期からで、開発を行ったのは、玉川上水開削の総責任者であり川越領主であった松平信綱である。信綱が玉川上水開削の翌年の1655年に幕府の許可を得て野火止用水を開削したことはすでに述べた。その上水を元に、付近の原野を拓いて信綱は10に余る新しい村を誕生させたのである。しかし、開発から取り残された土地であったことからもわかるように、そこは痩せた水のない地域であった。野火止用水の水が供給されたものの、それは生活のための用水であり、開発当初はアワ、ヒエなどの雑穀しか収穫できなかった。その上、秣場をめぐっての村同士の争いが頻繁に起こり、境界紛争などが多発した時代が長く続いた。

柳沢吉保が進めた開拓

この土地が一変したのは将軍綱吉の側用人を務めた柳沢吉保が元禄7（1694）年に川越藩主になってからである。長く紛争していた秣場の川越藩への帰属が公に認められると、吉保はさっそく本格的な新田開発に着手し、開拓を家臣の曾根権太夫に命じた。権太夫は中国北宋の王安石の新田開発法を参考に、川越城の南にあった坂上田村麻呂の開基と伝えられる「木の宮地蔵尊」を中心に幅6間（約11メートル）の道を開き、その両側にそれぞれ1戸あたりの土地を、間口幅40間（72メートル）、奥行375間（675メートル）の5町歩（約5ヘクタール）の短冊形《たんざくがた》に区分した。そして元禄9（1696）年には3つの村（上富村、中富村、下富村）に農民を移住させた。入植した戸数は180戸とも246戸ともいう。

この新田の名前となった三富とは、『論語』「子路篇」の中にある「富まさん、富めり」から「富」を取り、3つの村であることから三富とし、川越のほうから上富村（現在の三芳町）、中富村と下富村（現在の所沢市）とした。この三富地区には現在でも昔からの地割を見ることができるが、当時の姿を最もよく残しているのが上富地区である。また、この三富地域に村を作るにあたり、住む農民の心のよりどころとして多福寺が建設された。今では紅葉の美しさで知られるこの寺には、300年以上経った現在も、その時に建立された鐘楼が残っている。

この地域は、昭和37（1962）年には、開墾時の整然とした地割と昔の景観がよく維持されているとして埼玉県の文化財指定に指定された。

風呂も入れないほど水のない土地

新田を開発するにあたり、配分を受けた農民は道路に面した場所に家を建て、柳沢吉保は13本の深井戸を掘った。しかし、その井戸は15軒に1本という少なさで、日照りが続けばすぐに涸れてしまった。とにかく水のない地域であるため、しばらく雨が降らなければ、南方4キロメートルの柳瀬川から樽を馬の背に積んで水を運んでこなければならない。飲み水は、草やサトイモの葉の水を集めて辛うじてまかなうほどで、風呂などにはとても使うほどもなく、農民たちは陰干しにしたカヤで垢《あか》を落としたという。『三富開拓誌』には、箱根ヶ崎の池から水を引く計画を立てたが、ついに成らなかったとも記されている。

赤風《あかかぜ》を防ぎ生活に役立つ屋敷林

おまけにここは風が強かった。特に冬になると、上州からの空っ風

三富新田に住む農民の心のよりどころとして建てられた多福寺。美しい紅葉の名所として知られている。

が吹き、関東ローム層の土壌は粒子が細かいために乾燥すると風に飛ばされやすかった。この土交じりの風を人々は「赤風」と呼んだ。今のようにサッシではないから、窓の隙間から容赦なく微細な砂を含む赤風が家の中まで入り込み、家中ざらざらになってしまう。来客がある時には、客が座る場所に油紙を敷き、客が来るとその紙を取り除いて座らせた、という話もあるくらいである。

なんとか風を防ぐ方策はないかと農民が考案したのが、防風林としての機能を持つ屋敷林の造成で、家や作業小屋の周囲にシラカシやケヤキを植えた。シラカシは常緑広葉樹であることから、冬の季節風を遮るのに大きな機能を果たす。カシはそれだけでなく上質な炭や薪になり、堅い幹は農具の柄などに使える実に貴重な木であった。さらに、一緒に植えられたケヤキは、落葉樹であるが夏には適度な日陰を作り、孫か曾孫の時代になると立派な材が採れる。そして、最も屋敷に

武蔵野の雑木林を代表するケヤキの並木が残る。

近い場所にはスギやカキ、クリなども植えられた。スギの枯れ枝は火付けのために重要であったし、年数が経ち大きくなれば材としても使える。クリ、カキなどは重要な食料であった。また、タケ林も用材を採るために造成された。このように、人々は屋敷の周りに様々な樹木を植え、それを上手に利用した。雑木林は過酷な自然の中で生まれた生活の知恵だったのである。

森から豊かな土壌と用材を得る

このあたりの林はコナラ、クヌギなどを主とする落葉広葉樹二次林、いわゆる雑木林である。このような二次林はわが国に広く見ることができるものである。武蔵野ではこの雑木林を「やま」と呼ぶ。

コナラやクヌギは落葉樹であるから秋には落葉し、それを春先に掻いて集めて、畑の肥料とする。大量の落ち葉はたい肥となり、特産のサツマイモ作りに活かされる。その繰り返しである。落ち葉のたい肥による土壌改良は、関東ローム層の痩せた台地を実り豊かな土地に変えてきた。そして、10年から15年後には薪炭材《しんたいざい》として利用するために伐採する。伐ると、翌年春には伐った跡から多くの「ひこばえ」（萌芽《ほうが》）が出てくる。その後、元気の良い「ひこばえ」を2本から3本残す。それを大きくして、落ち葉を掻きながら、また、次の10~15年で再び伐採する。そうして3回くらい繰り返すと、株が弱くなってしまう。その利用期間は30年から40年である。そのため、次の新しい個体を育てるが、コナラは現地に発生した実生を育て、クヌギは播種して育てた苗を植えることが一般的であったという。

今、武蔵野に残る雑木林を見ると、コナラやクヌギにアカマツを交えていることが多い。これが武蔵野ならでは特徴である。アカマツは建築用材のない武蔵野において、用材を採るために雑木林の中に植えられたものである。アカマツは乾燥に耐え、十分な光を受けると生長が速い。アカマツを植え、ある程度の時間差をおいてコナラやクヌギを育てる。そうすると、アカマツの保護を受けながら、アカマツの後を追うようにコナラやクヌギが伸びる。用材利用を目的としたアカマツはおそらく50年から70年で伐採したであろうから、コナラやクヌギよりもゆっくりしたサイクルで回っていたことになる。なによりも重要なのは、雑木林の中で育てたため、アカマツが周囲の木に遠慮しながらまっすぐに伸びたことである。それは用材として非常に適したものとなる。

本来の雑木林は、森林の利用を目的として造成した林であるから、目的とする樹木以外は必要としない。しかし、現在の林を見ると、高木層にはコナラやアカマツに混じってヤマザクラ、イヌシデ、クリ、イヌザクラなどが生育している。さらに、その下には常にエゴノキが生育し、場所によってはアカシデ、カマツカ、アオハダなどが混じる。かつては、再生力の強いエゴノキは杭の材として大いに重宝されたという。

雑木林で落ち葉掻きを行っていた時代では、低木や草本は無用なもので、落ち葉掻きのためにはむしろやっかいな存在であった。より簡単に落ち葉を集めるために低木は刈り取ったし、落ち葉掻きのために草本や樹木の実生は生えにくかった。そのため、平坦地では裸地化していた場所が多かったようである。斜面においてもササ（アズマネザサ）は管理され、今ほどの高さにはなっていなかったであろう。

昔ながらの雑木林を残す上富地区

戦後の経済状況は雑木林のあり方を大きく変えた。樹木の定期的な伐採は停止され、コナラをはじめとする樹木は生長を続け、大径木化が進んでいる。一方、林床は落ち葉掻きが停止され、林床管理も行われなくなったために、低木のアズマネザサやアオキの繁茂が進み、さらにシラカシの生長が続いている。この変化は人の干渉が停止したことによる森林の自然林への変化、いわゆる常緑広葉樹林への遷移の進行である。管理の停止により多くの木々が樹冠を占めることになり、林床へ達する光が減少した。このために、上層の木々が葉を出す前に生活を開始し、花を咲かせていたカタクリやエンゴサクの仲間など「春の妖精」は生育する場所がなくなってしまった。このままでは今後もますますそれらの種は消えていく運命にある。また、近年では外部からのピラカンサ、トウネズミモチ、シュロなど外来種の林内での生育も目立つようになっている。これら林の内部の問題とは別に、林自体の存続に関する大きな問題も発生している。所有者が高年齢化し、管理が行われなくなった雑木林であるが、高額な相続税を払うために雑木林を切り売りする農家が増えてきた。その結果、雑木林の分断化、森林ひとつひとつの小面積化が進んでいる。伐採された林の跡は工場、住宅などに変わったところも多い。さらに、残された林の中にはゴミが捨てられることが多く、モラルが問われる深刻な環境問題になっている。このように、問題は雑木林の変質や減少だけでなく、そのあり方まで問われる事態になっている。

そんな中で、上富地区では、「やま」と畑が密接に結びついた循環型農業が今も引き継がれている。特に、落ち葉を利用して苗床を作って栽培されるサツマイモは、三富の特産物として人気がある。淡い黄緑、薄い褐色、黄色、深緑、武蔵野の雑木林の春は美しい。林縁には春の妖精が咲き乱れる。そして、秋には一面の黄褐色の世界が、一種独特な雰囲気を漂わせる。そんな武蔵野の林の姿を今に残しながら、新田開発当時の姿を保っているのが三富新田である。季節を変えて訪れてはいかがであろうか。

✈行き方…地下鉄丸ノ内線 東京駅→池袋駅→西武新宿線 航空公園駅→バス→エステシティ所沢 バス停→三富開拓地割遺跡

美しい湖に広がる植物の絶景「赤城山《あかぎやま》の森」

赤城山は火山の集合体

赤城山は、関東地方の北部、群馬県のほぼ中央に位置する火山群の総称で、東西約20キロメートル、南北約30キロメートル、面積約500平方キロメートルの地域をいう。この赤城火山は太平洋プレートがオホーツクプレートに沈み込んでできた部分にあたり、噴火活動を始めたのは今から約50万年前と言われている。

この地域の中央部に位置するカルデラ内には、東西約2キロメートル、南北4キロメートルの楕円形をしたカルデラ湖の大沼《おおぬま》や覚満淵《かくまんぶち》、小沼《こぬま》がある。

大沼は深さ120メートルで、かつての爆裂火口に水がたまった火口湖である。その周りを赤城火山群の黒檜山《くろびさん》、駒ケ岳、地蔵岳、荒山、鍋割山、鈴ヶ岳、長七郎山などの標高1200メートルから1800メートルの峰々が囲む。それらは基本的には火山の外輪山であるが、地蔵岳と鈴ケ岳は溶岩円頂丘であり、鈴ケ岳は側火山という異なる性質を持つ。また、赤城山は榛名山、妙義山と並んで上毛三山のひとつに数えられ、日本百名山、日本百景のひとつにも選ばれている。

大蛇と大ムカデの伝説

赤城山には日光市の男体山の神との争いの伝説がある。男体山北西麓の戦場ヶ原で、赤城山の神が大蛇、男体山の神が大ムカデとなって戦い、男体山の神が勝利したという。赤城山の北にある老神《おいがみ》温泉の地名は、戦に敗れた赤城山の神が男体山の神に追われてやってきた「追う神」が変化したものに由来すると言われ、この温泉で傷を癒した後に赤城山の神が男体山の神を追い返したという。

また、「アカギ」という山名も神が流した血で赤く染まったことから「赤き」が転じたものだという。江戸川沿いの千葉県流山市には、赤城神社の祀られた小山があり、大洪水の際に赤城山の山体の一部が流れてきたものという言い伝えがある。「流山」という地名もこれに由来するという。次々と発想を巡らせる昔の人の創造力のたくましさに感心する。

赤城山を一躍有名にしたのは、上州の国定忠治である。国定忠治の語りの一節「赤城の山も今宵限り、生まれ故郷の国定村や、縄張りを捨て国を捨て、可愛い乾分《こぶん》の手前《てめえ》たちとも、別れ別れになる首途《かどで》だ。」の台詞で、この山の名前が全国に広がった。「名月赤城山」を直立不動の姿勢で熱唱《しょうじ》した東海林太郎の姿を覚えている読者はおられるであろうか?

覚万渕の湿原

赤城山の山麓、標高約800メートルまでは広く緩やかな裾野が続く。その裾野の長さは富士山に続き日本で2番目の長さという。その地一帯は高原台地帯で、現在は高原野菜の産地になっている。ここから道路を登ると、クロマツ、アカマツの植林地が続き、二次林のコナラ・クヌギ林も広がる。海抜900メートルより1500メートル付近まではミズナラ林が広く分布する地域になる。

外輪山の峠を超えると大沼の手前には覚満淵という中央部に水をたたえた小さな沼がある。それは大沼の南東約700メートルにあり、かつては大沼の一部であったが、周辺部に堆積物が流れ込んで湿地帯になったという。この沼の泥炭層は約3メートルあるといい、中央部の水域を除き湿原落が発達している。

北東側の沼に張り出した部分にはイボミズゴケ、ムササキミズゴケ、ツルコケモモ、ヤチカワズスゲ、モウセンゴケなどのミズゴケが生育する高層湿原が、また、ヌマガヤ、ヒメシロネ、エゾシロネ、コバギボウシ、ウメバチソウ、トキソウなどが生育する中間湿原も発達している。その湿原周辺部をズミ、レンゲツツジやヤマツツジ、ミヤコザサなどからなる低木林が取り巻き、山脚部のミズナラ林に続いている。

多様な植物に囲まれた大沼

大沼は標高1345メートルにあり、黒檜山の山麓にある。沼の中に張り出した小鳥ヶ島には上州二宮の赤城神社がある。社と神社を結ぶ朱塗りの橋は山間に映え、一帯の風景が水面に映る姿は素晴らしい。

大沼周辺には直径1メートル、樹高10メートルを超えるミズナラの大木も見られるが、ほとんどが30センチメートル前後で、人々に利用されてきた二次林である。林の構成種を見ると、高木層はミズナラが優占し、それにナツツバキ、オオヤマザクラ、アズキナシが混生する。亜高木層にはミズナラをはじめ、シロヤシオ、リョウブ、ウリハダカエデ、ナナカマドなど、低木層はサラサドウダン、トウゴクミツバツツジ、シロヤシオ、ミネザクラ、ツクバネウツギ、オオカメノキ、ノリウツギ、ヤマツツジなどの下にミヤコザサ、クマイザサなどのササが密生する。その中には草本のマイヅルソウ、ヒメノガリヤス、アカショウマなどが生育する。

この赤城山ではミズナラ林の分布が広いのに対して、ブナ林の分布は狭く、小鳥ヶ島や沼尾川上流部だけに見られる。ここのブナ林はその種類構成から見ると太平洋型のブナ林（ブナ―スズタケ群集）で、利根川を挟んで、その北に位置する玉原高原のブナ林が日本海型のブナ林（ブナ―チシマザサ群集）であるのとは種類構成が異なる。これは、ここが太平洋型気候の最北端に位置していることと関係がある。赤城山のブナ林の植物構成は、高木層はブナとミズナラが混生し、亜高木層はリョウブ、アオハダ、コミネカエデ、ナツツバキ、低木層はサラサドウダン、オオカメノキ、コアジサイ、ミヤマガマズミ、ヤマツツジ、シロヤシオ、ウリハダカエデなど、草本層はヤグルマソウ、シシガシラ、ミヤマイタチシダ、オクモミジハグマ、ミヤマワラビ、マイヅルソウ、ヘビノネゴザなどが生育する。

この赤城山は植物の構成も多様で、変化に富む。年間を通して大沼とその周辺の景色は素晴らしい。ゆっくり植物を観察しながら散策してほしい場所である。

行き方…JR上越新幹線 東京駅→高崎駅→上毛鉄道 前橋駅→バス→赤城山ビジターセンター

サラサドウダン

マイヅルソウ

コアジサイ

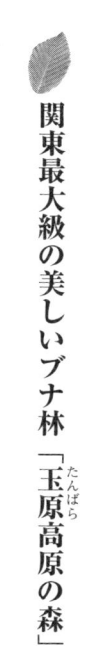

関東最大級の美しいブナ林「玉原《たんばら》高原の森」

「官行斫伐《かんこうしゃくばつ》」による伐採の歴史

玉原高原は群馬県沼田市の北端、武尊山《ほたかさん》（2158メートル）を最高峰とする武尊山系の西側にある高原地帯である。そこは武尊山の火山活動で130万年前頃に流出した溶岩が広い範囲に溶岩台地を形成している。一帯の高度は海抜1150～1600メートルで、広くブナ林に覆われている。この玉原高原は日本海型気候域に位置することから、冬季の積雪は2メートルを超える。年平均気温は9℃で、最低気温はマイナス15℃まで冷え込む。

この高原一帯は、藩政時代には、現在の沼田市の上発地《かみほっち》集落から反対側の水上市藤原集落へ行く山越えの道（玉原越え）がブナ林の中を通るだけの、自然いっぱいの地域であった。しかし、その場所に昭和4（1929）年から昭和19（1944）年にかけて、国策の「官行斫伐」としてブナを中心に大々的に森林伐採が行われるという災難が降りかかってきた。この時期は一部の尾根筋を除いて全山に様々な形で斧が入る。玉原高原は緩い地形が広がっていることからトロッコ道が設置され、伐採したブナを下の発地集落へ運び出された。高原内には作業に従事した人の集落が作られ、小学校の分教場までが設置されたという。山の神様の祭りには、麓の沼田の街から芸者が上がってきて祝ったという話も伝えられている。

戦後になると、この地域の森はまったく意識されなくなり、伐採跡は「天然の回復に任せる」と放置された。しかし、後述するようにそれは期待通りには進んでいない。昭和48（1973）年からは沼田市・東急リゾート・林野庁が共同して「武尊総合森林レクリーション地域」の開発が計画され、道路と遊歩道の整備、スキー場の開設、ペンション村の建設などが進められた。昭和56（1981）年には発電用の水を貯めるためのダム「玉原湖」も完成している。近年は、東京から最も近いスキー場としてスキーヤーも多く、夏はその場所にラベンダー園が開かれている。また、ブナ林や玉原湿原の散策を楽しむ人もが増えているが、当初夢見た「地元の町おこし」の効果が十分に発揮されているのであろうか。

地形で異なるブナ林

玉原高原は、太平洋型ブナ林が分布する赤城山とは目と鼻の先にある。この玉原高原のブナ林は、日本海型で、太平洋側に向かった

オオカメノキ

分布の最前線に位置するものである。ここの群落は地形によって、いくつかのタイプに区分できる。

そのひとつは、斜面に分布するタイプで、他の日本海側地域と同じように、高木層はブナが優占し、その下の高木層にハウチワカエデ、そして、林床にはオオカメノキ、チシマザサ、クマイザサなどが多く、その中に常緑地這《じばい》低木のエゾユズリハ、ヒメモチ、ハイイヌガヤ、ハイイヌツゲなどの低木が生育し、草本層にはヤマソテツ、シノブカグマ、ホソバカンスゲなどが生育する。なお、常緑地這植物や草本層の種は向かいに位置する赤城山のブナ林には見られない。

一方、ブナ平を中心とする溶岩台地上の平坦地では様子が違ってくる。そこのブナ林は、高木層にブナとトチノキが多く、亜高木層にヤマモミジが多い。林床はクマイザサが多いが、時にチシマザサが広がる。しかし、ササの層の下には常緑地這低木が生育しない。草本層もオシダ、シラネワラビ、タニギキョウなど、谷に生育する草本が多い点が異なる。このタイプはいわゆる「湿性型ブナ林」であり、九州、中国、四国地方などの平尾根地形のブナ林で見られた「平尾根効果」が現れたものである。平尾根効果については臥龍山の頁で解説する。

官行斫伐後のブナを調査

官行斫伐が積極的に進められた結果、玉原高原には手が加わった様々な姿をしたブナ林が分布することになった。当然のことながら、人の影響の強弱は、自然林への回復速度も変えてしまうと考えられる。人の影響でどのように森の動きが違うのかを知るために、私たちはタイプの異なる林の11ヶ所に50メートル×50メートルの調査区を設置し、平成２（１９９０）年から調査を開始した。この調査では発芽したブナの子供（実生）の生存の経年的な変化の測定、ササ類の生育状態の変化の追跡、樹木の出現・枯死の変化、光環境の調査などを行っている。

調査開始から26年が過ぎたが、これまでの結果によると、すべての調査区に生育している樹木個体の幹直径の増加が見られるが、何本かの樹木が枯死している。しかも樹木個体の新たな加入はない。森の中で樹木の淘汰が起こっているのである。また、枯死本数は強く人の手の加わったところほど多い。樹種では伐採跡に初期に侵入生育したキハダ、テツカエデなど先駆性の種が圧倒的に多いが、ウワミズザクラ、アオダモ、コシアブラなどが次に多い。伐採後の70年以上を経たことで、先駆性の性質を持つ樹種が寿命を迎えてきた結果である。

林内に生育を開始した実生の生育はどうか。生育年数を重ねるほど生き残る実生数は確実に減っていく。それでも発芽当初に比べ、発芽後20年も経つと生育個体も少なくなるが、枯死個体も少なくなる。しかし、上層に母樹としてブナの高木を持つ、樹冠が閉じた調査区では、各年に実生が発生し続けており、実生が消えることはない。では、そこで生き残った個体の成長はどうか。そこでのブナ実生の生長は悪く、26年経ってもその樹高は30センチメートルに届かない個体が多い。

一方、母樹としてのわずかなブナを残しながら、ほとんどのブナを伐採した強伐採調査区では、皆伐直後に侵入したウワミズザクラ、アオダモ、コシアブラなどが樹冠部を構成し、それらが比較的小さい樹冠を構成していた。それらが枯死してきていることから、林内は比較的明るい。そこに発生した実生個体は順調に成長し、現在では2メートルくらいになっているものも多い。供給される光の量の差でこんなにも生育に差が出るのである。

種子を発芽させるブナの戦略

ブナの種子はどれくらいの距離にまで散布するのであろうか。ブナ平では、伐採した場所でも、ところどころに母樹としてブナを残している。しかし、その周囲にはまったくブナの実生や稚樹は生育しておらず、ササ原が広がるだけである。点在するブナは、周囲のブナから隔離されており、他のブナの影響を受けることがないので、種子の散布の測定には最適である。

ブナは隔年に結実する性質があるので毎年は測定できない。結実した年に直径50センチメートルの種子を集める袋（種子トラップ）を作り、それをブナの幹から放射線状に伸ばしたラインの2メートルごとに設置して、その中に溜まった種子と葉量を測定することにした。この測定で、どれくらいの葉と種子が地上に供給されるのか、どれくらいの距離まで種子が散布されるのかを知ることができる。

これまでの調査でわかったことは、種子が落下するのはほとんどが母樹の樹冠内であり、それを離れると急激に散布量が減少することである。樹幹から8メートルまでにほとんどが落ちてしまうのである。これはブナの樹冠から周囲5メートルまでにほとんどの種子が落ちてしまうというこれまでの研究報告（１９７１年）の結果とほぼ同じ結果であった。このことは、仮に近くに実をつけるブナがあっても、本数が少なければいくらササを刈ってもブナは生育しないことを示している。また、落葉は10月に始まり、続いてブナ種子が落下し、さらにその上に落葉があるということもわかった。これによって落下した種子が上下を落葉に挟まれた形になる。つまり、乾燥から回避するための戦略とも考えられるわけである。冬になるとさらにその上には厚く積雪があり、春に発芽するまでの間、種子が乾燥することはない。

ササとブナの種子の関係

次に行ったのはササに関する調査である。密生したササの枯れ葉の厚い堆積は種子の地面への到達をさえぎり、運良く種子が地面に到達して発芽しても、今度は上を厚く覆うササが光をさえぎって、実生の生育を阻害することになる。そうであれば、発芽した次の世代のブナを育てるためにはササの密生を防ぐ必要があり、そのための管理が必要となる。そこで、ササが刈り取られた後、何年で元の状態にまで回復するのか、実験を開始した。クマイザサが均一に生育する場所にランダムに1平方メートルの調査区を配置し、それを一斉に刈り、毎年、その一部を刈り取り、成長した稈の長さ、葉の枚数、生物量（バイオマス）を測定した。その結果、4年で元の稈の長さと生物量に回復することがわかった。つまり、ササの影響を軽減するためにはササを4年以内に再び刈らなければ、刈った効果がなくなるということである。ササ原全体のササを刈ることはできないが、将来、実生で生育した個体を生かしていくことを考える場合、必要な情報が得られたことになり、対応可能な管理方法である。

ノウサギが食べたブナの若木

これまでのブナ種子の飛散距離の調査結果とササの刈り取り調査から、ここでは、じっと待っていてもブナ林の復元は望めないことがわかった。そこで、ブナ林復元のために山取りのブナの若木（稚樹）を植栽し、周囲のササをコントロールすることにした。最初は、何の疑いもなく、ある幅で直線的にササを刈り、その中に、1本のブナの樹冠の半径が3・5メートルと換算して、7メートルごとを目安に植えた。

翌年の春、雪解け後に行ってみるとブナの枝の先端部の大部分が鋭く何者かに食べられている。さらに、幹が根元からへし折られているではないか。その食痕からササのないところに植えられたブナを春先に見つけたノウサギが枝の先端部を食べたものとわかった。また、幹が折れたのは雪圧を受けた結果とわかった。玉原高原は2メートルもの積雪のある地域である。

これを踏まえて、翌年からの植栽作業では方法を変えた。ササ原の中に長いメインのラインを設定して、直径3メートルの範囲でササを丸く刈り、その中にブナ稚樹を植えることとし、1ヶ所に3本を植えた。3本のうちの1本が成長を続けることを期待し、他の2本はその保険である。また、植える時には、ブナを斜めに植えて雪の重みに耐えるようにした。これにより、植栽したブナがノウサギの食害に会うことはなくなり、ブナを斜めに植えたことで幹折れもほとんど回避できた。今から考えれば何でもないことであるが、スタート時にはこのような問題にぶつかったのである。

ブナの自然林を目指して

本格的に広範囲にブナ林を復元するためには多くの人の活動が必要である。そこで私たちは「NPO法人　玉原高原の自然を守り育てる会」を組織し、植栽域の拡大を図った。植栽を進めているブナ平は、平尾根のやや湿性立地にあるブナ林分布地域である。また、私たちの目標はブナの一斉植林地を造成するのではなく、多くの構成種からなるブナ林を復元することにある。その考えから、植える樹種の選択を行い、将来、高木や亜高木の層を形成する樹種を植えることにした。復元したブナ林は、ブナと亜高木層の樹種とササ類と草本類が組み合わさった自然林のようであってほしいと考えたからである。

現在、平成16（2004）年から平成28（2016）年までの12年間に約2000本を植えた。初期に植えた木は早いものでは3メートル以上に成長している。この植栽計画の完成には早くても50年、あるいは100年という長い時間が必要である。完成したときには、今植栽した私たちは誰ひとりとして生きていないであろう。しかし、将来、この植栽地付近を訪れた人が、「昔、この付近でブナ林の復元を行ったというが、どこなのであろうか？　どこも自然のブナ林のようで、その植えた場所がわからない」と言われるような、そんなブナ林にしたいと話し合っている。

「小尾瀬」と呼ばれる玉原湿原

玉原高原では、ブナ林に囲まれるように、大小5つの小規模な湿原がある。それは「玉原湿原」と呼ばれ、最大の湿原でも3ヘクタールでたいへん小さい。そこはブナ林からの水で涵養《かんよう》されており、ブナ林との関係が強い。この湿原とその周辺には600種もの植物が生育している。湿原植物を中心とする種の多さから、この湿原は「小尾瀬」と呼ばれている。早春には寒さの中でミズバショウが清楚な花を咲かせ、6月中旬から下旬にかけては、ワタスゲの白い花が咲く。その他にもトキソウ、アサヒラン、ツルコケモモなどの可憐な花を見ることができる。

この湿原も過去に大規模な人の影響を受けた。第二次世界大戦中に軍馬放牧のために湿原中央部に排水路が掘られ、戦後も埋められなかったのである。このため湿原の水は排水路から流れ続け、乾燥化が進んでしまった。沼田市・林野庁・森林文化協会はプロジェクトを組織して湿原植生の保護、再生のために1989年から2年間に渡って植物群落の現状調査、地下水位の状況測定など基本的な情報の収集を行った。私もこのプロジェクトに参加し、調査に従事した。環境の改善のために木道位置を変更し、堰《せき》を造って湿原の乾燥化を止めるなどの対策を実施した。その後も調査を継続しているが、現在までに、地域によっては回復が進んできた場所もある。湿原はデリケートな生き物である。壊すことは簡単でも、再生することはなかなか容易ではない。それをつくづく実感する。

玉原高原のブナ林は、年間を通してとても美しい。芽吹きの頃は淡い黄緑色、その後のみずみずしい緑、しばらくするとより一層深い緑の色に染まり、秋には褐色に染まる。玉原湿原も四季を通していろいろな花を咲かせ、それらを巡る遊歩道も整備されている。人と自然の関わりを意識しながらブナ林と湿原を散策してはいかがであろうか。

✈行き方…JR上越新幹線 東京→上毛高原駅→バス（約70分）→たんばら バス停

氷河期の終わりを生き抜いた植物の知恵「清澄山《きよすみやま》と房総丘陵」

不思議議法師が開いた山

房総丘陵の中心をなす清澄山は、房総半島にある初日峰、高天神《たかてんじん》、妙見《みょうけん》の三山の総称で、最高峰は妙見山（377メートル）である。この妙見山の山頂近くにある千光山清澄寺は、約1200年前、不思議議法師と名付けられた僧侶がこの山の頂から光が発するのを見て山に分け入って、小さな虚空蔵菩薩《こくうぞうぼさつ》の仏像を彫り、その前で21日間修行したことに始まると言われている。また、清澄寺は日蓮聖人ゆかりの古刹でもある。日蓮は12歳から18歳までこの天台密教の寺で修行した後、鎌倉や高野山に遊学して帰山し、1253年に日蓮宗を開いた。清澄寺は、初めは清澄山近くの元清澄山の頂上（344メートル）付近に建立されたと言われるが、いつの頃か、現在の清澄山に移されたという。境内には国の天然記念物である樹齢800年と伝えられる、根周り17・5メートルの千年スギや、星影を映すことから名付けられた星の井戸などがある。

房総丘陵は、新第三紀海成層を基盤とし、第四紀海成層に部分的に覆われた堆積岩からなっている。基岩は砂岩、礫岩、泥岩、凝灰岩からなっており、砂や、シルトという粘土よりも少し粒子の大きなものが海の底で堆積し、その層が隆起して丘陵を形成した。つまり、清澄山は堆積岩地質の山なのである。堆積岩由来の地質は浸食を受けやすい。そのため痩せ尾根と急峻な斜面を形成し、谷は普通に見られるV字ではなくU字谷となる。その形は氷河が削った北極圏のフィヨルドの形によく似ている。これは浸食により岩が削られ、同じ硬さを持つ堆積岩が残った結果である。この谷地形が清澄山系の谷の特徴となっている。

南の植物が生育する不思議

房総半島は、気候的には暖温帯に属する地域である。尾根から斜面にかけては、スダジイ、アカガシ、ウラジロガシなど常緑広葉樹林が全域に分布し、狭い谷にはヤマザクラ、イロハモミジ、フサザクラ、タマアジサイなどからなる落葉樹林が茂る。

房総丘陵の自然林は元清澄山とそれに続く尾根にわずかに残り、他の地域の大部分は第2次世界大戦の末期に伐採

バリバリノキ

ヒメユズリハ

を受けた跡に再生した二次林である。しかし、この房総丘陵は植物分布の観点からはとても興味深い地域である。大きな丘陵ではないが、地理的分布域を異にする植物群が生育しているからだ。

日本の南部、屋久島や九州南部、四国の太平洋側を経て紀伊半島、伊豆半島に分布し、房総丘陵を北限の地としている種は多く、リンボク、バリバリノキ、クロバイ、ヤマモモ、タイミンタチバナ、センリョウなどその数も多い。イチイガシ、ヒメユズリハ、モッコクなどもそのような性質を持つ種である。なぜ、房総半島の先端を分布の北限とする植物が多いのだろうか。半島の南は太平洋が迫っており、その先には黒潮が流れている。このため暖かい海流の影響を受け、太平洋からの湿った風が多量の雨を落とす。年間、温暖多雨な環境となるためである。

また、谷には山地性のジュウモンジシダが生育し、すぐ近くに暖地性のオオバノハチジョウシダが生育しているのも珍しい。

氷河期の終わりを生き抜いた植物の知恵

清澄山は房総半島で2番目に高い山ではあるが、標高は377メートルしかない。しかし、この山には海抜700メートル付近以上の高海抜地に分布の中心を持つ植物が多く見られる。モミ、ツガ、ヒメコマツ、サカキ、アセビ、シキミ、ヒイラギ、ミヤマシキミなどがそれである。その中でヒメコマツもモミやツガは房総半島が北限となっている植物である。このような低海抜地域にモミ林やツガ林が分布することは、房総半島の植物地理学的な特性を示すもので、注意深く観察すると、北向きの緩傾斜地にモミ林が多く、南向きの痩せ尾根にツガが多いことがわかる。これらの林は海抜300メートル以上の地域に分布している。特に、分布が限られるツガは海抜240メートルまで下降し、小さな塊状に生育している。

さらに注目したいのは、山地性の針葉樹、ヒメコマツである。ヒメコマツは本来ならばブナが分布するブナ帯に生育する植物である。普通は海抜900メートル以上くらいから2000メートルくらいの高度で、乾燥した日当たりの良い瘦せ尾根の岩場などに多く見られる。ところが清澄山系では高度を下げて、海抜300メートルくらいの低地の岩場にヒメコマツが生育しているのである。ツガも同じような性質を示す種で、太平洋側の山地の海抜700~1000メートルの乾燥したところに多いが、ここでは海抜200~300メートルに生育しているのである。

では、なぜ房総丘陵ではそれらの植物が低いところにまで分布しているのであろうか。房総丘陵に生育するヒメコマツやツガは氷河期の遺存種と考えられている。1万年以上前まで続いた氷河期には北の植物は現在よりも遙かに南や低海抜地域にまで分布していたと考えられる。氷河期でも一番寒かった時期は2万年前と言われ、海水面が今よりも120メートルほど低かったという。その時期には高い場所の植物が下降していた。

氷河期が終わり、だんだん暖かくなってくると、北の植物は北へ移動するか、山の高いところへ逃げた。高い山であれば、気温が高くなってもどんどん上へ逃げられたし、山続きであれば北へ行くこともできた。ところが、清澄丘陵は、低い山であるし、周囲は低地であるため逃げ場がない。北の植物はそこで絶滅するはずであった。そこで救いとなったのが、地質とそれによって造られた急峻な地形条件である。痩せ尾根は、風は通りやすいし、乾きやすく、比較的高いところの環境と似ている。気温の条件はその生育には最適ではないが、ヒメコマツやツガが生育できる場所である。その結果、気候的には常緑広葉樹林域にありながら、一部には山地性の冷温帯性の植物が生存することになった。これは、房総丘陵特有の植生帯を押し詰めたような現象である。故沼田真博士はこの現象を「寸詰まり現象」と呼んだ。

清澄寺一帯の房総丘陵の山々は南房総国定公園に含まれており、それに北接して広大な地域が養老渓谷奥清澄県立自然公園に指定されている。山の高度も低く、歩道も整備されているることから、歩くには快適であるが、ここでもシカが急増し、それが運ぶとされるヒルが急激に増加してきたことが気になるところである。

✈ＪＲ特急わかしお 東京駅→安房小湊駅→ＪＲ外房線 安房天津駅→バス（約15分）→清澄山入口

関東平野の低海抜に育つ貴重なブナ林「筑波山の森」

万葉集で最も多く詠まれた山

筑波山は茨城県の中部に位置する独立峰的な山で、周囲を平野に囲まれている。そのため、遠くからも近くからも同じような全貌を見せる。北関東の山が太平洋側に延びた最前線に位置しており、山頂部にブナ林が発達する極めて特殊な山である。この山で注目したいことのひとつは、日本各地の山と違って火山性の山ではないということである。

筑波山を形成する地質は中腹より上が斑レイ岩、中腹から山麓にかけては花崗岩で、共に地下深くで形成された深成岩である。斑レイ岩はおよそ7500万年前（中生代白亜紀）に地下で固まったものとされる。筑波山ではそれらが隆起して地表に現れ、1万年あたり1～2メートルという速度で上昇して現在の高さになった。なんともゆっくりとしたスピードだが、地球の歴史から考えればそんなものであろう。長い間に侵食が進み、残ったのが現在の山塊で「残丘」と呼ばれる。山頂付近は斑レイ岩の巨岩が露出し、積み重なる地域になっている。

筑波山は、女体山（877メートル）と男体山（871メートル）、東西に並んだほぼ同じ高さの山からなる双耳峰である。その周囲には台地状の丘陵が広がるが、これは30万年前から10万年前に関東平野を流れていた川の堆積物が隆起して形成されたもので、低地より10～30メートル高い。

また、筑波山は筑波山神社境内地である。古くから「西の富士、東の筑波」と言われたほどの関東の名山で、奈良時代の『常陸風土記』に載り、万葉集には富士山を抜いて山の中では筑波山の歌が最も多く25首収録されている。江戸時代には江戸の鬼門を守る神仏のいるところとして徳川幕府からも手厚い保護を受けた。

この筑波山は行政区画では石岡市と桜川市にまたがり、山の全域が水郷筑波国定公園に含まれている。

筑波山の植物たち

筑波山で命名された植物は多く、ツクバザサ、ツクバヒゴタイ、ツクバトリカブト、ツクバスゲなど26種あるという。その植生分布を見ると、山麓や中腹はスギの植林地が多く、山麓には農用林としてのコナラ林やアカマツ林が広がる。その中にあって、標高300メートルの筑波山神社拝殿付近にはこの地域の自然林であるスダジイ林が分布している。関東に分布するスダジイの優占する常緑広葉樹林と種類構成は同じで、高木のスダジイの下にはヤブツバキ、ヒサカキ、シロダモ、低木にはアオキ、ヤツデ、草本層にはヤブコウジ、ジャノヒゲ、ヤブランなどが生育する。

ケーブルカーに乗って山頂を目指すと、中腹からはスギやヒノキの人工林やコナラ、アカシデなどの落葉樹林の中にアカガシ、モミが目立つようになる。そして、標高700メートルから上にはブナが出現し、山頂部を中心にブナ林が広がる。

北斜面と南斜面の植物分布の違い

筑波山のブナ林はブナの高木の下にスズタケを伴う太平洋型のブナ林（ブナ—スズタケ群集）である。ブナ、ミズナラの高木の下に、オオモミジ、アカシデ、アオダモ、アワブキ、オオカメノキ、ノリウツギなど、落葉樹が生育する。高木にアカガシが混生していることが多いところも特徴である。

ケーブルカーの山頂駅から東の女体山に向かう遊歩道は尾根部にあり、ブナの大木の下にはスズタケが密生する。早春には林の縁部にカタクリ、ニリンソウ、キクザキイチゲ、アズマイチゲ、ヤマエンゴサク、ワチガイソウ、エイザンスミ

カタクリ

レ、ユリワサビなどの春植物（春の妖精）が咲きそろい、その美しさを競う。巨岩が露出する女体山の山頂に達すると、このルートは山体の南斜面にあたるためブナ林の中にアカガシやシキミ、シロダモ、ヒサカキ、アオキなど多くの常緑樹が見られる。

一方、西の男体山の山頂駅から西に下り、山を取り巻くようにある遊歩道を歩くと、そこでは尾根を挟んで、北と南で大きく異なる植生分布に出合うことになる。南斜面は女体山の場合と同じブナと常緑樹の混生した林でスズタケが密生する。北斜面には常緑樹種が見られず落葉樹だけになる。この男体山での南斜面と北斜面の植生分布は高尾山で見られた腹背的な植生分布の現象とまったく同じである。ぜひ観察してみてほしい。この北斜面の緩い谷には、春にはニリンソウ、カタクリ、アズマイチゲ、キクザキイチゲ、ヤマエンゴサクなど春の妖精が咲き乱れる景観を楽しむことができる。

関東平野に残る貴重なブナ林

筑波山にはブナとイヌブナの2種類のブナの仲間が分布している。茨城県自然博物館は館が中心となって平成20（２００８）年から3年をかけてブナとイヌブナの全山での分布調査を実施した。延べ４６６人が参加した調査の結果、ブナは７０７３本、イヌブナ１６４９本が確認され、さらに多くのことがわかった。

第一は、ブナは標高５５０メートル以上に分布し、尾根上に生育する傾向があることである。ブナは土壌が動かない場所を好むことがここでも示されている。第二は、ブナの幹の太さの分布で、直径20センチ以上の個体の密度が高いこと。しかし、直径10センチ未満の若い個体、後継樹が少なく、将来はブナ個体群が衰退することが心配される事態であるということ。第三は、男体山の西斜面や女体山の北斜面にはブナの小径個体が集中分布するところがある。そこは過去にブナが伐採されたり、大風で大きな個体が倒れたりしたところで、つまり、ブナが枯死した空間に次世代のブナが生育している。第四は女体山の南斜面では衰退している大径木個体が多く、将来のブナ個体群の衰退が心配されるということである。

第一については、高尾山をはじめとして低海抜地に分布するブナには共通する傾向がある。第二は太平洋側の各地の山で確認されている状況と同じで、ブナの若木と稚樹、実生が大変少ないことと相まって、今後のブナ林の持続が心配される。しかし、第三の状況は少し安心を与えてくれる。確認できる地域は少なくても、少しずつ森林の更新が行われてきたことを示すものであり、ゆっくりとではあるが、筑波山のブナは次世代に向かっての動きが認められるということである。筑波山のブナとイヌブナ、そしてブナ林は、関東平野の低海抜の山に残る貴重なものであり、今後ともその動態については注意深く観察しながら大切に保護していきたいものである。

✈行き方…JR山手線 東京駅→秋葉原駅→つくばエクスプレス つくば駅→バス（約35分）→筑波山口

ピンクと淡い緑の里山の風景が美しい「加波山《かばさん》の森」

山麓には3つもの「加波山神社」

加波山（709メートル）は、茨城県南部の、筑波・足尾・石切山脈の中では筑波山に次いで高い山で、筑波山の北にある。この山は、茨城県の桜川市と石岡市との境に位置する修験道と天狗で知られた信仰の山である。筑波山や足尾山と並んで古くから山岳信仰の対象となっており、霊場である山中には社や祠が数多く点在している。信仰の中心となっているのは山麓に祀られている加波山神社である。

この神社の社伝では、第12代の景行天皇の御代、日本武尊《やまとたけるのみこと》の東征（現在の東北地方を平定するための遠征）にあたり、加波山に登り、社を建てたことから加波山天中宮が創建されたという。ただ、ひと口に「加波山神社」といっても、少しややこしい。真壁町、八郷町の山麓には加波山神社（元・加波山天中宮）・加波山三枝祇《さえなずみ》神社本宮（元・加波山本宮）・加波山三枝祇神社親宮（元・加波山新宮）の3つの神社が鎮座し、それぞれが信仰圏を分け合っているという。

加波山は、明治初期の加波山事件の舞台ともなったところでもある。この事件は明治17

（1884）年、水戸藩の自由民権運動の急進派が、茨城県令や政府高官の暗殺を計画したが、それが事前に発覚し、追いつめられた16名がこの加波山に立てこもったというものである。結局、他からの支援を受けることができずに孤立し、この計画は失敗した。加波山には山頂に、そのときに幟《はた》を立てたという旗立石の碑が残っている。

この地域は白くて美しい花崗岩を産出する全国一の御影石の産地としても有名である。加波山を含む筑波山塊では花崗岩《かこうがん》の採取が古くから行われてきた。加波山の山麓は里山の景色を色濃く残していて静かなたたずまいを見せる地域であるが、遠くから見ると、御影石の採石場で削られた白い山肌が各所に見える。採石場では、今でも時には採掘のためのダイナマイトの音が鳴り響き、平日にはダンプカーが頻繁に行き来している。

美しい里山の風景

加波山の中腹以下は水田とコナラの雑木林、アカマツ、

石切り場

スギの植林地が広がる、いわゆる里山の風景である。春の新緑の頃はヤマザクラのピンクとコナラの淡い緑が素晴らしい景色を作り出す。加波山神社拝殿下の駐車場から加波山神社拝殿までには、560段の階段があるものの、それ以外は高低差があまりない。八合目付近からは、地元の篤志家が120年ほど前に植えたというスギがあり、所々に常緑のアカガシの巨木が生育する。

また、階段を上らずに広い道を進むと、狭いながら谷地形になった場所にはアサガラ、リョウブ、リョウメンシダなど湿性立地を示す植物が旺盛に生育する場所も見られる。

氷河時代に下降したブナ林

加波山山頂部にはアカガシとブナの混生したブナ林が分布している。その面積は決して広くはないが、南につながる筑波山のブナ林と比べると、自然の形態をよく残している。

脊梁部の尾根を行くと、高木層にアカガシを交えたブナ

加波山のブナ林

林が広がっており、林床にはスズタケ、ミヤマシキミ、アオキが生育している。また、尾根では、スズタケに代わってミヤコザサが林床に密生する場所もあるが、そこは二次林的で、高木層にはブナと共にアカシデ、ヤマボウシ、リョウブが目立つ。北関東や南東北で海抜700メートル前後といえば、アカシデ、イヌシデ、エゴノキ、アオハダなどの落葉広葉樹が多い。ところが、ここでは、より高海抜地に分布の中心を持つブナ林の植物が下降している。これは、1万年前までの氷河時代に低地にまでに分布していたブナをはじめとするブナ林の植物が、独立峰的なこの山で逃げ場を失い、そのままここに残ったのであろう。

この山は「関東ふれあいの道」の一部にもなっている。

行き方…JR山手線 東京駅→秋葉原駅→つくばエクスプレス つくば駅→車→加波山入口

この地が北限となる植物、個性的な植物に注目「鹿島神宮の森」

神宮の中だけに自然の森が残る

鹿島神宮は茨木県の南東部に、常総台地（鹿島台地）にある。そこは高さ30～40メートルの台地上の地形とそれを刻んだ平地とからなる。台地を構成する地質は「成田層」と呼ばれる洪積世の古期から中期に形成さえた堆積層で、その上に富士・箱根火山から運ばれた関東ローム層が3～4メートルの厚さで乗っている。その台地が削られて、現在のような台地と平地が入り組む地形が形成された。

この鹿島は、古くは「香島」と書かれたが、鹿が神の使いとされていたことから、養老7（723）年頃から「鹿島」となったという。この神社は、千葉県北部にある香取神宮と共に天孫降臨に先立って国土を平定したとされる武神を祀っている。鹿島神宮の祀神は建甕槌大神《けみかづちのおおかみ》、香取神宮の祀神は経津主大神《ふつぬしのおおかみ》である。古くからこの2つの神社は「軍神」として崇拝された。時代劇などで見る武道場には「鹿島大明神」と「香取大明神」の2軸の掛け軸がかけられることが多いのは（現在もそうかもしれないが）、両神宮が戦の神様であることによる。これは、2つの神宮の地が蝦夷地進出の輸送拠点であったこと、蝦夷地に対する平定神とされていたことに関係するといわれ、鹿島神宮の社は北方の蝦夷地に睨みをきかせるために北面しているのだという。この神宮の本殿は元和元（１６１８）年に徳川秀忠が造営したもので、現在は国の重要文化財に指定されている。古くから人々の生活域であったこの地域には厳密な意味での自然林は残っていないが、歴史のあるこの境内だけには自然性の高い森が残っている。この鹿島神宮の森は昭和38（１９６３）年に茨木県天然記念物指定に指定されている。

植物観察しながら歩いてみよう

鹿島神宮にはＪＲ水郷線の鹿島駅から徒歩30分ほどで着く。門前町を過ぎて参道に入ると、スダジイ、モミノキ、スギの鬱蒼とした社叢が広がる。参道右側には幹周囲４・６メートルのタブノキの大木も見られる。本殿の裏には御神木になっている樹高43メートル、根回り12メートルと言われるスギの大木があり、その一帯にはスダジイ、タブノキ、スギからなる常緑樹林が広がる。

要石

それらの種を高木とする下には、サカキ、シロダモ、ヒサカキ、ヤブニッケイなどの亜高木、アオキ、イズセンリョウ、アリドオシなどの低木、ヤブミョウガ、アリドオシ、カラタチバナ、マンリョウ、ベニシダ、ホソバカナワラビなどの草本が多く生育する。この付近には、福島県いわき市が北限とされるウラジロ、コシダ、北茨木市が北限といわれるフモトシダ、ヘラシダを見ることができる。

少し奥に入った場所には「要石」と呼ばれる石がある。鹿島神宮には凹型、香取神宮には凸型があり、その両方で地震を引き起こすとされる大鯰《なまず》の頭と尾を抑えていると伝えられている。

さらに進み、斜面を下ると御手洗池に出る。ここは三方が急な崖に囲まれており、周辺は樹高が20メートルにも達するモミ、スダジイ、タブノキ、クロマツ、アカガシが生育する。この森のスダジイやタブノキ、モミの樹皮には、今では絶滅が危惧されている貴重な着生ランであるクモラン、カヤラン、ヨウラクランなどの生育が見られる。やはり、人が保護してきた森だけあって、自然がよく保たれている。

ベニシダ

ニッケイがある不思議

茨城県は太平洋側に分布する常緑広葉樹林の北限地域に当たる。例えば、スダジイの北限の森は金砂神社の社叢とされる。鹿島神宮の森が北限となる種としてはカクレミノ、カラタチバナ、ヘラシダ、コクラン、コモチシダなどがある。一方では海抜山地性の1000メートルくらいの山地に生育することの多いハリギリ、ツタウルシ、リョウメンシダなどもこの森には見られる。また、ここには普通のナキリスゲよりも大型で、紀伊半島以西にまれに分布するといわれるキシュウナキリスゲの生育が確認されている。

この神宮の森にはあちこちにニッケイ（シナモン）の若木が見られるが、ニッケイは天知元（1681）年、帰化僧の心越によって白山御殿（今の小石川植物園）と水戸藩邸に植えられた記録がある。ここが水戸藩の領地であったことから、それと因縁がありそうである。

鹿島神宮の森は、長い歴史の中で、人の干渉を受けながらも自然の性質を維持してきた。この森があることで、この地域のかつての自然林の姿を推定することができる貴重な森である。神宮の森で、この地が分布の北限になる植物を探すのもよいし、歴史ある個性的な植物を観察するのもよいだろう。

✈行き方…ＪＲ東京駅→高速バス（約2時間）→鹿島神宮 バス停

第3章　中部・東海の森

斜面で生き抜くイヌブナの知恵「赤石岳 大鹿村の森」

アルプスが見える露天風呂

赤石岳（３１２０メートル）は静岡・長野県境にある南アルプス・赤石山脈の雄峰である。「赤石岳」という山の名は、山頂付近に露出している赤色チャート（珪質系推積岩）のために山肌が赤く見えることから付けられたという。かつては赤石岳は修験道も盛んで、古くから信仰の対象として人々が登った山であった。日本１００名山のひとつでもある。

大鹿村は中央高速の松川インターを下りて、小渋川沿いに急な斜面が迫る谷沿いの道を走って約1時間の距離にある。赤石岳に源を発する小渋川の両側の斜面にへばりついた格好で広がる小さな山里で、その面積の大部分が山林である。村の中央部に流れる川沿いの河岸段丘上に広がる水田に、それを取り巻く民家と背後の山。緑が豊かでのんびりとした風情に富んでいる。

この村は古くから交通の要所である。室町時代には後醍醐天皇の第8皇子、信濃宮宗良親王が30年余の間暮らし、親王ゆかりの場所が史跡として残っている。小さなこの村に「小渋の湯」と「鹿塩《かしお》の湯」の2カ所の温泉があり、小渋温泉は、信濃宮宗良親王の家臣、渋谷三郎によって発見されたと伝えられる。湯は単純硫黄温泉で、露天風呂からは小渋川渓谷を眼下に、東に赤石岳のある南アルプス、正面は中央アルプスを望むことができる。小渋温泉から小渋川下流地域にある、鹿塩の湯は塩水を含む温泉で、現在、地元ではこの温泉を煮詰めて塩を製造し、販売している。

中央構造線の真ん中にある村

大鹿村で注目したいのは、この村が中央構造線の真ん中にあるということである。中央構造線とは、日本を構成する屋台骨の2つの地質が総延長1000キロメートルに渡って接している巨大断層のことである。ひとつの大断層は、東は茨城県鹿島付近から関東平野の地下を通り、中部山岳地帯を抜け、三河、伊勢湾、紀伊半島、さらに四国を東西に分けて走り、九州の中央部の臼杵から熊本まで貫いている構造線である。この中央構造線の大陸側（北側）を内帯と呼び、太平洋側を外帯と呼ぶ。両方の地質とも中生代白亜紀（1億3000万年から6500万年前）に形成されたもので、内帯は「領家帯」、外帯は「三波川帯」と呼ばれる地質である。これらの地質は、日本列島が大陸と地続きだった時代に形成され、長い時間をかけて、現在の位置までズレながら移動してきたとされている。

もうひとつの大断層は日本を南北に結ぶ静岡糸魚川構造線である。この2つの大断層（構造線）がこの大鹿村の北方で接し、その構造線が村の中を通っているのである。

性質を異にする地質の接点は非常にもろい構造になっており、その地域では頻繁に地滑りが起こる。そして、この大断層が動くと、当然のことながら地震が発生する。この大鹿村も例外ではない。一番最近に発生したのが昭和36（1961）年に村の中央部で起こった「大西山の大崩壊」である。崩れた斜面の土砂はその下にあった何十軒もの家を押し潰し、小渋川を堰《せ》き止めた。42名もの犠牲者を出し、「サブロク災害」と名付けられたその災害の跡地は、今でも大きな土砂の山として残っている。被災後、その場所は小野貞次氏（故人）をはじめとする地元の有志によって「大西公園」として整備された。そこには亡くなった人々の霊を慰めるために約130種3千本のサクラが植栽され、春にはみごとなサクラの園になっている。

春先の新緑の絶景がおすすめ

村から赤石岳へ登る参道・椹島《さわらじま》ルートには、大鹿村から途中まで林道がある。その林道の途中に展望台があり、赤石岳の絶景を中心にした赤石山脈一帯の大パノラマを楽しむことができる。赤石岳には春になってもずっと雪が残っていて、下の方にはイヌブナが黄緑色の芽を吹き、あちこちに針葉樹のツガの深い黒みがかった緑がある。それぞれの樹種の若葉の色は微妙に異なり、そのコントラストがなんとも美しい。春先の展望台からの景色は本当に素晴らしい。

村から、くねくねと曲がった道を上流に進むと広大な森が広がる。そして、小渋川を渡った対岸から上部につながる赤石岳登山道が始まる。小渋川の斜面は急峻な地形で、多くの露岩が見られる。土砂が動くこのような立地にはイヌブナ林が発達することが多い。岩の露出した尾根地形の立地にはツガ林が広がり、斜面が緩くなる立地では、この地域には珍しいブナ林が分布している。そして、それに続く斜面下部にはシオジを優占種とする渓畔林が発達する。大鹿村でも地形と対応した森林植物群落のすみわけを見ることができ、植物の種類構成もそれに伴って変化している。

動くことのできない植物の生存戦略

ブナは若い時期を除くと萌芽することはなく、単幹の樹木である。そして、土砂の動かない緩い尾根から平坦地を本来の分布地としている。ブナと類似する性質を持つものとしてササがある。ササは地下茎で広がることが知られるが、地下茎が地上部に出るような場所では茎が乾いてしまうので、生育に不都合である。太平洋側山地に分布するスズタケは、ブナ林のように土壌が深く、移動をしない立地だけに生育する。そのため、お互いの相性が良く、常にブナとスズタケとの共存した森林が形成されているのである。

ところが大鹿村のブナ林はハリモミを混生している。これも珍しい特徴である。そして、より乾いた立地にはツガが生えている。ツガは萌芽性を持たないが、ブナと比べて遥かに土砂の浅い、乾性する立地に生育することができるからである。

イヌブナは多くの幹を出しているのが特徴であり、それぞれの幹の大きさも様々で、発生年代も異なっている。急斜面に生育する木は、土砂や岩礫《れき》の移動によって障害を受けることが多い。もし、イヌブナがブナのように単幹であったならば、障害を受けると生育を続けることができない。しかし、多くの幹があればそのうちのどれかは生き残り、その個体としては生活を続けることができる。これもこの種の生存戦略のひとつと言えよう。しかし、イヌブナは多くの幹を作るからか、幹1本あたりの寿命は短く、100年を超すことはない。

イヌブナと類似の生存戦略を持つ種は斜面に多く、ハンノキの仲間、ヤナギの仲間、ウツギの仲間、キブシなどがある。斜面下部から谷に分布することの多いシオジ、サワグルミなどは単幹ではあるが、萌芽する性質を持つために、類似した場所で生育することができる。この2つはシオジが岩礫地、一方のサワグルミが土砂の堆積地という生育立地の違いですみわけている。自分から動くことができない植物の場合、環境に適応できる性質がないと、そこに生き残れないのである。

大鹿村の森は、イヌブナとブナに限らず、生活戦略を含めた性質の違いが明瞭に表れている。赤石岳登山の途中に、たくましい植物の姿を直接見比べてみたい。

✈行き方…JR中央線 東京駅→新宿駅→高速バス→（約3時間45分）→松川 バス停→バス（約50分）→大鹿村 バス停

噴火の歴史が新しいため特殊な植物が育つ「富士山の森」

美しい形は成層火山の性質

富士山（３７７６メートル）は、約1万年前からの火山活動によって、現在のような美しい山の形になったとされる。この形は成層火山（コニーデ）の性質によるもので、火口から噴出された溶岩、火山灰、火山礫《れき》が互層をなして山の形を形成した結果である。山頂には直径約８００メートル、深さ２００メートルの噴火口があり、そこから山麓に流れた噴出物は、東西約35キロメートル、南北約38キロメートルに渡って日本一の規模の裾野を広げている。周辺に見られる山中湖・河口湖・西湖・精進湖・本栖湖などの5湖は、富士山の噴出物によって川が堰《せ》き止められた結果、湖になったものである。

富士山の高さを測った人々

富士山は、その姿が美しいというだけでなく、日本一高度が高い。では、その高さはどのようにして測定され、決められたのであろうか。文献によって、その測定の歴史を見ると、最初に富士山の高さを測定したのは、江戸時代の享保12（１７２７）年という。福田という人が、静岡県の吉原から一丈二尺離して立てた2本の柱で山頂を見通して勾配を測り、山頂までの斜距離を三角関数を使用して測定したという。その高さは35町6分216尺。メートルに直すと3885・99メートルで、その誤差は110メートルである。

江戸時代後期の1800年代、全国の地図を完成した伊能忠敬《いのうただたか》も富士山を測定している。その高さは3927・7メートルで、誤差は152メートルである。また、幕末に日本を訪れ、様々な業績と話題を残したドイツの医学者シーボルトも富士山を測定している。彼の測定結果は3794・5メートルで、現在の値とは19メートルの差である。その後、明治時代に陸軍参謀本部が最新の機器を使って測定した。その高さは3778・0メートルであったが、大正15（1926）年の改訂で3776・29メートルになった。

一番最近の測定は昭和37（1962）年に国土地理院が行ったもので、標高3775・6メートルである。それ以降、この値が使用され、現在の標高値になっている。

植物を育む富士山の特徴

富士山は、太平洋側での垂直的植生分布が見られることや、年代を異にする何度もの火山活動と、その跡に形成された立地への植物群落の発達との関係を知ることができる上で、とても貴重な山である。

自然の植物群落はその土地の環境に適した種やその環境下で生育できる種が集まって形成

される。極相群落はそれが最も安定した姿である。火山噴出物に覆われた土地であっても、時間が経つと土壌の形成が進み、明らかに区別できる森林帯とその中に成立する様々な植物群落が形成される。また、降水とその行方も植物の生育を支える環境として大切である。富士山には年間降水量２０００ミリを超える多量の雨や雪が降るが、その水は、保水力の弱い溶岩の間を通ってすぐに浸透してしまう。山全体の保水力が低いことは、スバルライン沿いの５合目の宿で、かつて、生活用水として雨水を利用していたことからもわかる。では浸透した水はどこへ行くかというと、山麓に湧いている。裾野にある浅間神社の湧玉池、白糸の滝などは、富士山の伏流水が湧出したものである。

富士山の植物の垂直的な植生分布は、基本的には火山起源ではない南アルプスの山々とも同じはずである。そして、円錐形の富士山では、この垂直植生帯は理論的には、すべての方向に同一高度で同じ植物群落が形成されるはずである。しかし、富士山は南アルプスとは異なり、方向によって垂直植生帯の分布高度が異なっている。富士山でその植物群落の分布を決定している要因は多岐に渡る。

第一義的には海抜高度の違いによって決定づけられる温度要因である。しかし、その要因も相模湾に面する南斜面と内陸側の北斜面では異なる。さらに、富士山は火山のために、場所によって異なる噴火年代の違いと噴火噴出物の違いもある。年代の違いは土壌の形成と関係して植物の生育に大きく関係するし、その立地が溶岩であるかスコリア（火山噴出物である火山礫、火山砂）であるかは地形と関係して土砂の移動に関係し、立地の安定に関わる。富士山では方向によって山噴出物の年代が異なるため、発達する植物群落と分布高度が異なることになる。

そして低地を中心に、人の干渉の影響も大きい。これらの異なる要因が複雑に絡み合って、今見られる富士山の植生分布がある。

世界でここだけに存在するハリモミ純林

富士山の山麓は広く、古くから人の干渉があった。このため、自然性の高い森林はほとんどなく、標高１５００メートル以上に限られている。そのような中、低地で自然の林が見られる場所のひとつは、剣丸尾溶岩流の流れたスバルライン沿いの海抜８００〜１２００メートル付近である。ここに長さ5キロメートル、幅1キロメートルに渡って細長く分布するアカマツの一斉林がある。このアカマツ林は溶岩の上に発達した遷移初期の自然林であり、その中には、シラカンバ、ウラジロモミ、ソヨゴ、ヤマウルシ、ナツハゼなどが生育している。

もうひとつの低地の自然林は、東北麓の山中湖の北方に分布するハリモミ自然林である。そこは１３００メートル付近から流れた鷹丸尾溶岩流の末端部にあたる。ハリモミ林はアカマツ林、マメザクラ林などに接して広がる林で、昭和38（１９６３）年に国の天然記念物に指定されている。ハリモミは各地の山に見られるが、この種の純林は世界でここのみにしか見られない貴重な林である。林内には一面に溶岩の塊が広がり、それが凹凸の地形を作り、土壌は岩の間に見られる程度である。こんなに悪い環境であるにも関わらず、そこには樹高21～24メートルのハリモミが生育している。

このハリモミ林も、かつてはヘクタールあたり400本程度生育していた。しかし、この林が岩流上における遷移の途中相のひとつの植生類型であることから、遷移の進行に伴い、コナラ、ミズナラなどの落葉樹林化が進んでいる。台風などの被害も発生しており、今後の持続が心配されている。

富士山の植生分布

富士山の海抜800～1600メートルは、ほとんどの地域は古くからススキの牧野やスギ植林、薪や炭を採るための農用林として利用されてきた。そのススキが優占する草原では、リンドウ、センブリ、ウメバチソウ、ツリガネニンジンなど草原特有の植物が生育する。しかし、最近では管理が行われない場所も増え、低木林化が進んでいる。同じく人の影響を強く受けている場所にある、富士山の南側斜面、表富士道路沿いの海抜1100～1400メートルの地域の「西臼塚」には広くブナ林が発達している。このブナ林については後述する。

海抜1800～2300メートルは針葉樹林帯となり、シラベ、コメツガ、オオシラビソ、カラマツが混じるシラベ―オオシラビソ林が広がっている。これは太平洋側亜高山帯の典型的な針葉樹林で、高木の針葉樹の下層では、亜高木層を欠くことが多く、低木層にはハクサンシャクナゲ、ナナカマド、クロウスゴが生育し、さらに草本層にはシラネワラビ、コイチヤクソウ、タケシマランなどが生育する。さらに、この林では、北方針葉樹林と共通のタチハイゴケ、イワダレゴケなどのコケ類のマットが形成されることが多い。

亜高山帯性の針葉樹林帯の分布上限高度は、どの方向でもほぼ同じで、森林限界以上の植生分布の状態も同じであるが、カラマツの占める割合が多くなる。

また、針葉樹林帯分布の上限付近には雪崩の影響を受けた縦縞状の植生分布が見られる。火山噴出物の浸食を受けて深い谷になっている場所では、谷地形内部の裸地周辺にはイワノガリヤスのイネ科草本群落が発達し、それに接する外側にはミヤマハンノキの低木林、ダケカンバ林が発達する。そして、その外には広く見られるシラベやコメツガからなる林が接している。そこのミヤマハンノキやダケカンバは幹が傷つき、枝の先端を欠く個体も多い。このことから、定期的に雪崩に襲われていることがわかる。

ハイマツが生えない謎

海抜2300~3000メートル付近は高山帯であり、本来は南アルプスの山岳で見られるようなハイマツ群落が出現するはずである。しかし、富士山ではその種が分布しない。ここに生育するカラマツの樹形は、強風の影響で極端に扁形した形をしている。風上の枝が強風や風が運ぶ氷塊や礫によって傷つけられた結果である。富士山ではハイマツが生育してよい場所には低木化したカラマツが分布しているだけで、ハイマツは見られない。独立峰である富士山には、周辺の山岳からのハイマツ種子の供給が困難であることが原因であろう。しかし、仮に種子の供給があったとしても、噴火の歴史が新しく、立地が不安定で土壌が未発達であることがその生育を阻害していた可能性はある。

この矮性化したカラマツの生育している場所より上には樹木が生育しない。その要因は、まさに、その強風と不安定な立地である。しかし、よく見ると、樹木のない場所でも、岩の間に根を張って草本が生育している。では、このような不安定な土地に生育している植物は、どのようにして生活しているのだろうか。

高山植物が少ない謎

長い年月をかけて岩塊《がんかい》は風化され、礫や砂となる。それが強風に吹き飛ばされて岩の間の所々に堆積する。そうすると、そこは他に比べて根が張りやすい、保水力の改善された小さい空間環境となり、飛んできた植物種子が発芽、生長できる環境となる。

そこではオンダテ、イタドリ、イワツメクサ、イワスゲなどの多年生が株を形成して生育を続ける。それらの植物は根の発達力が良い。太い根を伸ばすことで、しっかりと自分自身を固定できるし、生活の資源を求めることもできる。株はさらに飛んできた砂や礫を周囲に堆積させる。植物の死骸は有機物となり、自分の生育の立地をさらに広げる。

富士山ではこのような草本群落の分布地が富士山の主要部の30%程度を占める。富士山は新しい火山であるため、南アルプスなど、他の山岳に見られるガンコウラン、ミネズオウ、アオノツガザクラなど周北極要素の高山植物を欠いているが、一部、北斜面の屛風尾根と呼ばれる海抜2800メートルの溶岩流上にはイワヒゲ、ツガザクラ、イワスゲなどの生育する群落を見ることができる。これが富士山に認められる他の山岳の高山帯と共通する唯一の植物群落である。

林床の違いが面白い西臼塚のブナ林

溶岩やスコリアの広がる富士山ではブナ林の発達は良くないが、富士山の南側斜面、表富士道路沿いの海抜1100~1400メートルの地域の「西臼塚」には広くブナ林が発達している。ここのブナ林は群落学的にはブナ―ヤマボウシ群集にまとめられるものであるが、富士山のブナ林は林床にスズタケが密生する「スズタケ型」と、スズタケを欠き紅葉草本が生育する「広葉草本型」がある。

前者は広く太平洋側のブナ林と共通する一般的なタイプで、緩い尾根から斜面に広く分布していた。後者は、太平洋側の限られた地域のブナ林にしか見られないタイプで、平坦地から窪地に所々に広がっていた。これらの異なる植物群落を支えるのは土壌の水分条件の違いである。前者は比較的乾燥しやすいが土壌の動かない地域に発達していた。後者の群落を支える土壌は、土壌体積水分率が4月から8月末までは地表20センチで60～70％と極めて湿潤である。この湿潤な土壌環境がこれら浅根性草本の生育を支えているのである。

「広葉草本型」タイプは、２００平方メートル程度の調査区内に１０６～１２８種もの草本を中心とする種が出現する、構成種の多い、多様性の高い群落だった。この中にはツルシロカネソウ、コフウロ、イヌハコネトリカブト、ヤマトグサ、ウワバミソウなど湿性立地に生育する広葉草本が多く含まれ、一斉開葉型ではなく順次開葉型の草本が多く、根系の分布深度が5センチ程度の浅根性の草本種が多く出現していた。種類構成が季節によって入れ替わることも特徴的である。

平成26（２０１４）年5月、何年かぶりにこの場所を訪れ、かつて調査をした西臼塚の駐車場付近を散策した。その付近にはかつて2つのタイプが見られていたが、そこにはスズタケのない、単調なブナ林が広がっていた。つまり、シカの食害によってその群落の差がなくなってしまったのである。しかも、草本類の種数は激減していた。

西臼塚の駐車場から少し山を登ったところに、極めて小さな火口を持つ寄生火山があったが、その火口底にはヤマシャクヤクが何株か花を咲かせていた。あまりにも凄いシカの食害のありさまに強いショックを受けていた私にとって、可憐な白い花はささやかな慰めになった。

富士山北西部　青木ヶ原樹海と大室山の植生

　青木ヶ原と大室山は位置的には富士山の北西にあり、火山噴出物の年代の違いを反映した植生の違いが見られるという面白さがある。大室山（1468メートル）は寄生火山のひとつで、約3000年前に溶岩を噴出し、その溶岩の上にその後の噴火による火山噴出物（スコリア）が厚く堆積している。青木ヶ原樹海は大室山の下方に広がっている。

貞観6（864）年、富士山の長尾山（1424メートル）から熔岩流が噴出した溶岩は流れ下って海抜900～1300メートルの地域に、東西8キロメートル、南北6キロメートルにも及ぶ広大な熔岩裸地を形成した。それが青木ヶ原樹海の起源となっている。その時の溶岩の流れは、すでにあった大室山を埋めることなく流れた。

　青木が原樹海は、その時以来、長い年月をかけて溶岩の上にコケ類などが生育を開始し、1100年以上の年月を経て高木層にヒノキやツガの茂る針葉樹林を発達させた。亜高木層と低木層にはクロソヨゴ、アセビなどの層が形成され、草本層にはツマトリソウ、ゴカヨウオウレンなど亜高山帯性の種が目立つ。コケ層の発達も良い。青木ヶ原樹海の土壌の発達は悪く、有機物を多く含む土が凹凸のある岩の上や割れ目に乗っている程度である。そして、植物は乾きやすいその地形の上に根を張って生育している。

　確かに、ツガやヒノキは乾性な立地に生育できることから、乾燥には強いと考えられる。

しかし、この立地条件は生育のために十分であるとは考えにくい。そうであれば、植物の生育を支える他の要因が働いているはずである。この地区は降雨日数、降雪日数共に多く、年間２０００ミリも降雨がある。林内は比較的低温で湿っているのである。この条件によって、乾燥する立地条件にありながらも森林が形成され、維持されてきたのであろう。

一方、大室山には元の噴出物が新しい溶岩に埋まることなく残り、そこに成立していた植生は破壊されることがなかった。大室山の植生は青木ヶ原樹海とは異なり、イヌブナ、ブナなどの夏緑広葉樹を主体とした森林が発達している。そこでは、高度の違いで上方にブナ、下方でイヌブナが、ほぼ純林に近い森林に約１・５ヘクタールに渡って分布している。

この大室山の落葉広葉樹林の立地は、意外と湿潤なようである。地表には厚くスコリアが堆積しているが、その下の溶岩が不透水層となっているらしく、ムカゴイラクサ、フタリシズカ、ウリノキ、カントウミヤマカタバミ、キヌタソウ、ヤマタイミンガサ、ムカゴイラクサなどの湿性立地を好む草本植物が多く生育している。

これほど土壌の発達の悪い場所で、溶岩の流れた時間の違いを反映して異なる森林が形成されているという事実は興味深い。なお、この一帯の植生を概観するには富士山を正面にして、眼下に青木ヶ原樹海を見下ろすことのできる紅葉山（紅葉台）の展望台に行くのがおすすめだ。そこからは富士山や樹海だけでなく、西湖を含む一帯が一望できる。

✈行き方…ＪＲ東海道新幹線 東京駅→新富士駅→登山バス→富士宮口５合目

フォッサマグナ要素の植物が見られる「箱根の森」

雨の多い火山地帯

箱根は、地理的には伊豆半島の付け根にあり、神奈川・静岡両県にまたがる。言わずと知れた火山地帯である。多くの温泉が湧きだすこの箱根火山は、新生代新第三紀に積もった海底火山の噴出物を土台に、直径約11キロメートルの新旧２つのカルデラで構成された3重式の火山である。

中央部にはこの地域の最高峰、神山《かみやま》（１４３８メートル）があり、駒ケ岳、二子山など7個の中央火口丘、東側に浅間山、屏風山などの新期外輪山が並ぶ。外輪山の山頂部は緩い平らな地形の場所も多く、その上に富士山の火山灰が積もっている。箱根の森は、それらの火山と外輪山に発達しているものである。

箱根にはよく雨が降る。仙石原では年間３２９４ミリもの降水量がある。相模湾や駿河湾の海洋の影響を受け、湿った空気が山にぶつかるためである。

そこでは冬季の降雪量はそう多くはないが、霧が多く発生する。山の上の方は雲霧帯となり、霧がかかるゾーンがある。

箱根のブナ林

箱根のブナ林は金時山、山伏山、神山、駒ヶ岳、台ケ岳などに分布している。ここに生育するブナは、葉がとても小さい表日本型のタイプで、コバブナあるいはフジブナと呼ばれるものである。箱根で簡単にブナを中心に見ようとするならば、金時山である。ひとつひとつは大きなブナではないが、広い範囲にブナ林が見られる。台ヶ岳や神山のブナは25メートルにも達する大きな個体が多く、箱根で最も生長の良いブナが見られる。

湖尻峠から三国山へは、ブナ林内を緩やかに登ると、四方に枝を張り出したブナの巨木がたくさんある。風の強いところでは10メートル内外となる。幹は太く、根元から４～５メートルのところから枝分かれしており、日本海側のブナと比べると小柄であるものが多い。外輪山という位置による強風もブナにとっては決して良い生育環境ではないのであろう。

三国山山頂一帯の平らな尾根は、湿性立地にはバイケイソウの生育が見られ、７月から８月にかけての花の時期には珍しい淡緑色の花を咲かせる。ここはササを欠く湿性型ブナ林である。

また、ブナ林が成立してもいいはずの立地の大湧谷《おおわくだに》などでは、硫黄から出る硫化水素の影響を受けてブナは極めて弱々しいものになっている。そこでは樹高10メートルくらいの森林となっていて、ヤマボウシ、リョウブ、コミネカエデ、アセビなどが多く、低木にコアジサイ、草本にススキ、ハリガネワラビ、シシガシラ、ヒメイワカガミなどからなる別の群落になっている。

箱根ならではの植物と自然

この箱根地域には1822種の植物が記録されていて、その中には富士山や箱根地域にその分布の中心を持つ植物、「フォッサマグナ要素」と呼ばれる植物も多く含まれている。それらの植物は、この地域の新しい火山環境の場所で分化（進化）した、比較的新しい歴史を持つ植物である。裸地や岩場に生育するフジアザミ、ヤマホタルブクロ、ハコネツツジ、イワナンテン、キンレイカ、草原性のフジアカショウマ、ハコネトリカブト、低木群落や森林の中に生育することの多いハコネハナヒリノキ、サンショウバラ、マメザクラ、イヌヤマハッカ、ツルシロカネソウなどがそれである。

古期外輪山の稜線や駒ヶ岳山頂は、ハコネダケ、トクガワザサ、ミヤマクマザサのササ原で覆われているところが見られる。30年前にはススキであったところが、草原の管理が行われなくなった現在は、ハコネダケの密生する場所に変化してしまったというところもある。自然の遷移で急速にススキ草原がササ原に置き替わっているのである。もちろん、このことで群落の種の組成も変化して、草原性の植物の多くが消滅している。

仙石原は箱根火山カルデラの内側に広がった海抜650メートル前後のところにある高原

で、約2万年前までは湖だったという。この仙石原には今でも低層湿原が残っており、箱根町営の箱根湿生花園が開設され、湿地のハンノキやヨシがひろがる自然が見られる。この一帯の湿生植物群落の分布地は、昭和9（1934）年「国の天然記念物」に指定されている。

行き方…JR東海道新幹線　東京駅→小田原駅→箱根登山鉄道　強羅駅→車→仙石原

箱根のブナ林

昔、日本一大きいブナがあった「函南《かんなみ》の森」

入山禁止で守られてきた森

函南の森は、函南原生林と呼ばれ、箱根の南麓に位置する。その場所は箱根外輪山の一角「鞍掛山」の南西斜面、海抜５５０～８４０メートルにあり、総面積は２２３ヘクタールである。地理的には静岡県の熱海市と三島市の間に位置する函南町（箱根の南の意味）にある。

この森は、江戸の昔から三島に飲料水を供給するために、禁伐林として手厚い保護のもとに管理されてきた。水源林として大事に守られてきただけあって、近くの「紫水《しすい》の池」には豊富な水が流れ込んでおり、地下水がこんこんと湧き出て涸れることがない。昭和59年（１９８４）年までは、一般の人の入山はまったく認められなかったところである。

周囲が開発されている中、残されたこの森は周辺の住民に大事な水を供給し続けてくれている。今は下流地域の洪水を防ぐ機能や、下流の水田を潤す水源涵養林《すいげんかんようりん》として箱根山禁伐林組合が管理しており、県の自然環境保全地域に指定されている。

歩いてみると、樹木が大きいし、地形も起伏に富んでいるので、周辺から見ていたのとは異なり、意外に山が深いという感じを受ける。

海抜の低い土地で見られる珍しいブナ林

長い間保護されてきただけあって、この地域に特徴的な森林分布が見られる。

斜面下部から谷を中心にケヤキ林が分布する。谷沿いのケヤキ群落は大面積で、大径木も多い。斜面から尾根にかけてはアカガシを中心とする常緑広葉樹林が広がり、その間に樹冠を広げるブナ、ヒメシャラの落葉広葉樹林が分布する。ここはブナを代表とする冷温帯性とアカガシを代表とする暖温帯性の植物が混在している地域なのである。

アカガシには大径木が多いが、高さ20メートル、目通り（目の高さに相当する位置の幹の太さ）6メートルと5・4メートルの個体がある。アカガシ林はアカガシが高木層に鬱蒼と茂り、その下層には、アカガシ、シキミ、ヒサカキ、低木層にミヤマシキミなど常緑の種が多い。

この函南原生林のユニークさ、特徴はなんといってもここが太平洋側ブナ林の低海抜分布地ということである。一般に関東地方ではブナは海抜９００～１７００メートルの間に分布し、山地帯に厚い森林帯を造っている。しかし、ここの森のブナは、関東地方の分布下限よりも遥か下方に生育し、安定した群落を作っているのである。ここは、ブナにとって、温度的には決して良い環境ではないと推定されるが、この地域にあっては、比較的湿潤な立地を好むブナにとって、おそらく、降水量の多さが幸いしているのであろう。ここのブナ林では高木層にブナとアカガシ、ヒメシャラと混成することが多く、亜高木層にはヒメシャラ、リョウブ、イヌシデ、シラキ、低木層には葉の細いハコネダケと常緑低木のアオキ、ミヤマシキミが生育することが多い。また、林内に目立つヒメシャラは九州から太平洋側に分布する種であるが、ここ函南が分布の北限となっている。

かつてあった日本で一番大きいブナ

ここには、かつて、樹高24メートル、目通り6・35メートルのブナが生育していた。このブナは枝張りが東西に16メートル、南北に17メートルあり、大きく枝を広げた堂々たる大木であった。今から10年くらい前までは日本で一番大きいブナと言われていた。私が最初に観察した25年前には、このブナの幹には縦に深い溝が幾筋も走り、枝に付く葉の数が少なく、かなり衰退が進んでいた。太枝がバネのついたワイヤーで支えられており、老樹の風格はあるものの、その姿は痛々しかった。このブナの周りは板で観客席のような段ができていて、そこに座って木をゆっくり観察できるようなセットも作られていた。しかし、この老木のブナは先年枯れてしまった。

4年前に訪れた折には、すでにその痕跡さえも見出だせなかった。木にも寿命があることは知ってるつもりだが、威厳のある大木の姿を覚えている者としては、寂しい思いが残った。

かつて函南の森にあった日本一大きなブナ。
今は枯れて存在しない。

行き方…ＪＲ東海道新幹線 東京駅→熱海駅→ＪＲ東海道本線 函南駅

300年以上の時を経た〝魚つき保安林〟「真鶴《まなづる》半島の森」

溶岩が海に流れ込んでできた土地

真鶴半島は、約70万年（第四紀中頃）から存在した箱根火山の外輪山の東南麓から15万年前に流れた溶岩流が相模湾に流れ込んでできた半島である。真鶴岬から続く海中や海上には奇岩が多い。基岩の三ツ石がこの半島の最先端部である。

火山噴出物が固まった「本小松石」と呼ばれる輝石安山岩の岩は、鎌倉時代の古くから有名な真鶴半島の石材で、南部の番場海岸で採掘されたものが江戸にまで運ばれ名声を博していたという。源頼朝が石橋山合戦に敗れ、追手から逃れるために隠れたと言われる「ししどの窟」もこの岩からできている。

この半島の先端部の海を見下ろす丘の上には、幕末に「外国船打ち払い令」を受けて小田原藩内が建設した「お台場」の3ケ所の内の1カ所があり、その砲台の台座が残っている。

魚つき保安林に指定

この真鶴半島の黒崎から琴ヶ浜をつないだ線より以東には、多くの森が残っている。半島の大部分（35ヘクタール）は、明治37（1904）年に「魚つき保安林」に指定され、現在も指定が維持されている。ちなみに、保安林の種類は、飛砂防止、霜よけ保安林、風よけ保安林など17種類があり、その期待する機能によって各地に指定されている。「魚付き保安林」は森林の陰影に魚を集め、繁殖する環境を作るという目的で指定されたもので、落ち葉が水中で分解し、それがプランクトンを発生させることで小魚を集め、それによってさらに大きな魚が集まることを期待したともいう。

この保安林指定により、この地域に広い自然林と見紛うような森が残ることになった。ここは昭和35（1960）年には神奈川県の「県立自然公園」に指定され、さらに、平成21（2009）年には「真鶴半島の照葉樹林」として県の天然記念物に指定されている。

森の起源は江戸時代の大火

現在、真鶴半島で見られる森は植林によって人工的に造成されたものである。この森の起源は、江戸時代にさかのぼる。明暦3（1657）年に江戸で発生した「振り袖火事」と呼ばれる大火は、死者10万余人という被害になり、火は下町を焼き尽くし、江戸城天守閣、大名屋敷106軒、町屋400町、橋60箇所、寺院350が焼失した。江戸時代には焼失面積15町（14・9ヘクタール、日比谷公園の面積とほぼ同じ面積）の火事が八十数回あったといわれ、22・5年に1回の割合で発生したことになる。火事の後は多量の木材が必要となり、木材の価格も高騰する。このような環境から、やけくその気持ちも含めてであろうが、江戸っ子は「宵越しの金は持たない」とか「火事と喧嘩は江戸の華」と言って勇んだという。

明暦の大火後、木材資源を確保する必要に迫られた幕府は、「材木資材の確保」を政策のひとつとし、全国各地に植林を奨励した。真鶴半島での植林は、寛文元（1661）年頃から始まり、小田原藩は3年かけて15万本の植林をしている。この森は「お林」と呼ばれ、その後も大切に守られてきた。

植えた木は、クロマツとクスノキであった。今ある多くの木がその時に植えたもので、現在、当時のクロマツは3000本以上あると言われる。クスノキは樹高25メートル、クロマツの樹高はクスノキよりも若干高く30メートル前後である。これらはみな350年前後の老木になっているが、まだその樹勢は良い。ただ、全国的に蔓延しているマツノマダラカミキリが運ぶマツノザイセンチュウの被害、いわゆる「マツ枯れ」の影響はここでも例外ではない。そのため、クロマツの大木にもそれに対する保護対策が行われている。

スダジイの自然林へと移る森

この森は多くの場所で、樹高10～15メートルのスダジイが高木層に優占し、その上に植栽されたクロマツとクスノキが抜き出て生育している。亜高木にはヤマハゼ、ヒメユズリハ、カクレミノ、低木層にはイヌビワ、アオキ、草本層にはベニシダ、キッコウハグマ、ヤブコウジに加えて、海岸植物のトベラ、マルバグミ、オニヤブソテツ、ツワブキなどが生育する。本来、海岸地域にはタブノキが高木層に優占することが一般的であるが、海に面した台地という乾燥する地形条件からタブノキ林は成立していない。

この森は、人によって植栽され、守られてきたものであるが、300年以上の時間は、スダジイを中心とした照葉樹の自然林へと森を遷移させている。人が造った林であっても、自然の力を借りて大きくなるし、手を加えなければ安定し、種類組成も自然林の構成へと移っていくという良い例である。

行き方…JR東海道線 東京駅→真鶴駅→バス→ケープ真鶴 バス停

トベラ

タブノキの花

ツワブキ

水の豊かな土地の植物観察「天城山《あまぎさん》の森」

岩と木と水の渓谷美

今から100万年前、フィリピンプレートに乗った島が、本州に衝突して現在の伊豆半島が形成された。ここで紹介する天城山は、その後の今から80万~20万年前の噴火で形成された山塊で、伊豆半島のほぼ中央に連なる海抜949~1406メートルの山々の総称である。伊豆半島は、海岸線から天城山最高峰の万三郎岳の1406メートルまで、わずかな距離で一挙にせり上っている。それに伴い、植生の分布も明瞭に変化する。

南麓の河津町から見ていくと、海岸地域にはスダジイ林の断片が各所に見られ、高度を増すとツガの針葉樹林へ変化し、その上にはブナ林が分布している。つまり、各所に残された自然林の断片をつなぎ合わせると、伊豆半島にある垂直分布帯を見ることができるのである。

伊豆半島は気候が温暖で、天城山では年間3000ミリもの降雨がある。天城山に降った雨は山を削って、北斜面では狩野川の源流に、そして南斜面では河津川の源流となってそれぞれ北西の駿河湾、南東の太平洋へ流れ下る。天城の水の豊かさは、渓谷の水量の豊かさを見ればわかるであろう。北麓には「日本の滝100選」に選ばれた高さ25メートル幅7メートルの浄蓮《じょうれん》の滝があり、南麓には河津七滝《かわづななだる》と呼ばれる美しい７つの滝がエメラルドグリーンの深い渕へ流れ落ちている。岩と木と水の素晴らしい渓谷美がここにはふんだんにある。

ヒメシャラを交えたブナ林

私は何度も天城山を訪れているが、季節によりその表情が変わる。古くは平成５（１９９３）年と平成９（１９９７）年の、共に春であった。八丁池から旧天城トンネル付近にオオヤマザクラが、ちょうど濃いピンク色の花をつけて斜面のあちこちに美しく咲いていた。他の木々に先駆けてブナの葉が展開していて、目の高さには、他の木々も少しずつ萌えはじめ、いよいよ活動を開始しようとする新緑の美しさを楽しんだ。秋には随所に見られるブナ林とヒメシャラ、コハウチワカエデの紅葉も美しい。

この天城峠から八丁池までの間には、つややかで茶に少し赤味がかかった木肌を持つヒメシャラを交えた、典型的な太平洋側型のブナ林が広がっている。その中には常緑低木のアセビや、常緑針葉高木のツガも混じっている。１９９０年代、ブナ林の林床にはスズタケが密生し、道端にはコアジサイ、イトスゲなどが生えていた。

荒らされた林床

その後、平成20（２００８）年に同じ場所を歩いたが、景色は一転していた。あれほど密生していたスズタケがまったく見当たらないのである。林床にはブナの芽生え（実生）、イトスゲ、アキノキリンソウなどがまばらに生えているだけであった。どこかにスズタケの生育している場所がないかと探したところ、沢に面した急斜面にわずかに残っていただけであった。前回の訪問からたった11年ですっかり変わってしまったのである。

その原因はニホンジカの増加とそれによる採食であった。しかし、今はさらに違う。平成27（２０１５）年と29（２０１７）年に続けて天城山を訪れたが、林床はさらに荒らされ、植物はほとんど採食されてしまい、落ち葉だけが広がる世界であった。林内に残るのは採食されないアセビとコアジサイ、シロヨメナである。植物は種子を様々な方法で散布する。そして種子の一部は地上に晒されて乾燥して生活力を失うが、一部は土の中に残る。いわゆる「埋土種子」として休眠し続け、次のチャンスを待つのである。それらの種子は条件が整えば発芽する。天城山の場合、発芽するとすぐにシカが食べる。これが繰り返されると保存埋土種子集団（シードバンク）が枯渇する可能性が否定できない。

森は様々な植物の種類から構成され、種によって埋土種子としての生存年数も異なる。このままの状態が続けば、その内に埋土種子は枯渇してしまう可能性があるし、将来、食害がなくなっても長い生存期間の埋土種子を持つ植物だけからなる森ができてしまい、本来の種類構成の異なる森になる可能性さえある。事態は待ったなしの状況にまで来ている。一日も早い食害の停止の対策実施が必要である。

自然林に囲まれた美しい湖

八丁池手前の高所に展望台がある。そこからは北西に富士山や海が見え、南側には大島も見えるというが、私はまだそれを見ていない。ここでもシカの食害の状況は同じで、ブナの高木は立っているが、その下にほとんど植物が見られず、鬱蒼とアセビが茂る密林である。

展望台から下ると八丁池に着く。この八丁池（１１７３メートル）は、自然林に囲まれた美しいカルデラ湖で、池の周囲が八丁（約８７０メートル）あることから八丁池と名付けられたと言われている。池の風情は、人の手に汚されていない静けさがあり、自然の素朴さも残る。また、ここは木に卵を産みつけるモリアオガエルの生息地としても有名である。

八丁池の周辺にはブナ林が広がるが、そこから尾根道を万三郎岳（１４０６メートル）、万二郎岳（１２９９メートル）を経て天城高原ゴルフ場へ東西に抜ける天城縦走路にもブナ林が広がる。富士箱根伊豆国立公園に含まれているこの山稜部は、植林地もあるが、ほとんどブナ林の中を歩くルートである。土壌の浅い尾根部ではアマギシャクナゲを見ることもできる。そのコース沿いでもスズタケはまったく見られず、林床の植物もほとんど見られない。目立つのはアセビと幹の皮をかじられて白い肌を出したマユミやリョウブ、株元をかじられたヒノキである。ブナは樹皮が薄いからか、それとも味が良くないのか、被害はない。

天城縦走路を進んで白田峠を越し、万三郎岳北西の戸塚峠（１１６０メートル）に着くと皮子平の遊歩道分岐がある。この皮子平は火山の火口で、約3200年前に噴火したと言われる。火口底は低木が密生しているが、その周囲は多くの岩が積み重なり、その間に灰白色の肌のブナや褐色の肌をしたヒメシャラが立つ。ここでも林床に植物はなく、シカの食べないヤマトリカブトやフジシダが生育するのみである。しかし、積み重なった岩の上にはコケがその石を包み込むように密に生育している。このような景色は、あまり他では見られないもので、雨の中ではそれが一段と目立つ。

天城山はアプローチは長いが、歩道が整備されている。景色の素晴らしさを求めて天城縦走路を歩く人も多い。確かにブナ林の新緑や紅葉は美しいし、春のアマギシャクナゲも美しい。しかし、次回、この天城山を歩く時には、ぜひ、ブナ林の現状にもぜひ目を止めてもらいたい。

行き方…JR東海道新幹線 東京駅→熱海駅→伊東駅→バス→天城縦走登山口 バス停

シカに樹皮を食べられたアオハダ。

シロヨメナ

第4章　東北の森

マタギが守ってきた山「小国《おぐに》の森」

ブナの原生林が広がる

小国町は山形県の村上市と米沢市の間に位置している。この地域は磐梯《いわき》朝日国立公園の中にある飯豊《いいで》連峰を中心とした、海抜2105メートルの飯豊《いいで》山を主峰として2000メートル前後の山々が峰を連ねている場所で、小国町は飯豊と朝日山塊に抱かれるように位置している。

日本海山地の積雪地帯には、ブナの原生林が広がっているところが多い。世界文化遺産に登録された白神山地はその代表であるが、飯豊山周辺にも原生的なブナ林が広がっており、平成4（1992）年に林野庁によって「森林生態系保護地域」に設定されている。

冬、シベリアで発生した寒冷で乾燥した気団が季節風として日本海を吹いてくる。日本海の海水温と季節風の温度差によって水蒸気が発生するが、寒冷乾燥気団がその水蒸気を含んで寒冷湿潤気団に変化し、それが季節風として日本海側の海抜2000メール級の山岳にぶつかる。そして、雪を落とすのである。飯豊連峰で積雪量が多いのはこのためである。白山の場合と同じように、この積雪が飯豊山一帯の植生分布にも大きな影響を与えている。

月山《がっさん》のアオモリトドマツの謎

飯豊連峰の植生分布を概観すると、海抜1500メートルくらいまではブナ林分布域である。海抜1500メートル以上は、ミヤマナラの落葉低木林が広がる。さらに風衝地ではチシマザサ群落が見られるようになる。

日本全体の植生分布パターンからすると、ブナ林帯の上方には針葉樹林が発達するはずである。しかし、日本海側の谷川岳以東では針葉樹林はなく、ダケカンバ、ミヤマナラの落葉広葉樹群落となる。なぜ亜高山帯に針葉樹林帯がないのであろうか。しかし、雪の多い月山の一部にアオモリトドマツの林が断片的に残っている。針葉樹林がまったく分布していなかったのではなく、消滅したと考える方が自然である。

また、現在の気象環境で見ると、冬季の季節風が運ぶ多量の雪は、常緑の葉をつける針葉樹にとっては過酷な環境である。強風や雪圧による破壊が大きな要因となり、針葉樹の分布は阻害されたものと考えられるようになった。最終氷期の2万年前には、現在、朝鮮半島や沿海州に分布するチョウセンゴヨウなどの針葉樹が日本に広く分布していた。それが氷期の終了に向かう温暖化の進行で衰退し、氷期には少なかったオオシラビソなどの針葉樹林が分布を拡大してきたことがわかっている。かつて分布していたその残存林が月山のアオモリトドマツ林なのである。氷期の終了による日本海への対馬暖流の流入は日本海側の多雪環境を作り、この飯豊連峰を含む日本海地域に針葉樹林帯を欠く環境を作り出したのである。

ブナと川が織りなす絶景

小国町の中心部から飯豊山麓に入ったところにある温身平《ぬくみだいら》には、広い範囲に、日本でも有数のブナの森が広がっている。温身平のブナ林は荒川の支流、玉川沿いの小規模な沖積平坦地にある典型的な日本海型のブナ林である。私がここを訪れたのは、秋、紅葉の真っ盛りの頃であった。ブナの黄褐色、ハウチワカエデの赤、アカイタヤの黄色、コシアブラのうす黄色、そして、林床のチシマザサ、エゾユズリハ、ヒメモチなどの緑の組み合わせはとても美しかった。さらにその間を流れる荒川は河床の小石までが透けて見える清流で、ブナと川が織りなす景色は実に素晴らしかった。

全山がブナ一色と言ってよいほどの小国の森であるが、ここでは積雪が5メートルを超える場所もあるので、雪に耐性をもつブナの生育はよい。ブナは胸高直径1メートル、樹高30メートルを超える大木が多くある。中には胸高直径1・5メートルを超えるものもあった。

ブナ林の中を流れる渓谷の川沿いにはサワグルミ、トチノキの渓畔林が発達し、過湿な立地にはヤチダモ林が見られる。一方、この地域の多量の降雪は尾根や斜面を強く浸食し、特有の地形を造る。また、その立地を反映した植物群落の分布の違いも見られる。

雪崩と植物

ここが日本有数の雪崩地帯であることは、地質と強く関係している。この地域の海抜1000メートル以下には、火山岩類の上に第三紀の堆積岩が載っている。堆積岩は雪の浸食を受けやすく、その風化物は保水力が高く、基底をなす岩石の上を滑る。この地質に加え、豪雪環境が地滑りを促進する。そして全域に「雪食地形」を形成するのである。

植生分布を見ると、乾燥する貧栄養のやせ尾根にはキタゴヨウの生育が見られ、急斜面には裸地があり、U字型の雪崩路地形（アパランチシュート）が見られ、雪崩が頻繁に起こる場所も多い。雪に削られた土砂が堆積した地域にはシシウドなどの高茎草原、さらにその周囲にヤハズハンノキ、ヒメヤシャブシ、ヤマモミジなどからなる低木群落が発達している。そして、その影響を受けない地域にブナ林や渓畔林が広がるのである。この雪食地形はここ小国だけに見られるのではなく、日本海側の多雪地域で見られ、福島県只見地方もそれの発達する代表的な場所である。

マタギが守ってきた山

ここは山の生活者「マタギ」の伝統がまだ残っている地域である。彼らは山に入る前には、必ず山の神様に狩りの安全と豊猟を祈った。マタギは山の神を深く信仰し、山における多くのタブーを自ら作り、それを厳格に守ってきた人々である。クマやカモシカなどの動物を狩猟し、クマやウサギの毛皮、植物から衣類を作る。さらに、森から建築用資材を採り、ワラビやゼンマイ、キノコなどの山菜、薬草などを採集して生活してきた。飯豊山麓にある温身平のブナ林への途中には、ワラビを採取するための草原（観光わらび園）が各所に見られる。

今や名人と言われるマタギの多くは高齢となっているが、今でもマタギが主体となって春季のクマ猟とツキノワグマの生息状況調査が長年継続的に実施されているという。そうしたマタギの伝統を残そうと、小玉川村の神社では、毎年5月4日の「熊祭り」に、山神さまとマタギとの儀式が行われている。この森は、広大で豊かなブナの森を生活基盤とした狩猟文化と山村地域の生活が、日常の中で息づいているところなのである。

✈JR山形新幹線 東京駅→米沢駅→JR米坂線 小国駅（夏は飯豊山荘までバスの運行がある）

雪崩によってU字型に植生と山が削られているアバランチシュート。

樹氷と〝お釜〟の神秘的な美しさ「蔵王《ざおう》の森」

360度広がる素晴らしい眺め

蔵王連峰は奥羽山脈の南、山形と宮城両県に広がる山々の総称である。熊野岳を主峰として馬ノ背、刈田岳・地蔵岳・三宝荒神岳・五色岳などが連なっている。主峰・熊野岳は海抜1841メートル、山頂部は平らで、眺望は360度、南は磐梯、吾妻から飯豊、朝日、月山、鳥海山、栗駒、早池峰、遠くに朝日連峰など東北の山々が一望できる。

また、蔵王連山の主峰である熊野岳の麓には、約3000年前の噴火でできたとされている、「お釜」と名付けられた美しい火口湖もある。この湖は気象の変化により深い青や緑、赤褐色など日に数度色を変えることから、「五色沼」とも呼ばれる。

ここへは何度か訪れたが、自然が創った雄大さとお釜の美しさに、そのつど驚かされる。蔵王の垂直的な植生分布を、文献資料を含めて低海抜地域から概観してみよう。

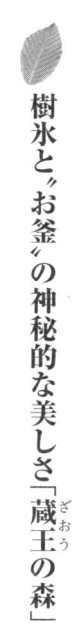

山頂にアオモリトドマツがない謎

山麓の丘陵地は主にコナラの二次林、植林地、耕作地が広がることは他の東北各地と同様である。その中に小面積であるがモミ林、イヌブナ林、アカシデ林なども分布している。特にモミ林はモミとイヌシデが高木層に多くを占め、カヤ、ウラジロガシなどの常緑樹を含んでいる。かつては、海抜400メートル以下は、ブナ林にこの林が広がっていたと推定されている。

その上の海抜1400メートルまでは、ブナ林に代表される落葉広葉樹林帯であり、ブナ自然林が広がっている。そして、痩せ尾根にはキタゴヨウ、クロベ、ヒノキアスナロからなる針葉樹林、川沿いにはサワグルミ、カツラ、トチノキの渓畔林が発達していることは他の東方区地方の山と同じである。

ただ、この一帯のブナ林には日本海側のタイプと太平洋側タイプの両方が見られることが特徴的である。蔵王連峰の南部の七ヶ岳方面と北部の雁戸山、二口渓谷などに見られるブナ林はチシマザサ、オオバクロモジ、ムラサキヤシオ、ヒメモチなど日本海側に分布する植物を含む日本海型ブナ林（ブナ―チシマザサ群集）である。それに対して、蔵王東山麓から丘陵地にかけてはスズタケ、バイカツツジ、トウゴクミツバツツジなどを含む太平洋型ブナ林（ブナ―スズタケ群集）が分布しているのである。

1400メートル以上は杉ヶ峰（1745メートル）、屛風岳（1817メートル）の山頂付近にまで発達する針葉樹林のアオモリトドマツが優占する、いわゆる亜高山帯である。しかし、刈田岳（1758メートル）と熊野岳（1840メートル）の山頂部とそれらをつなぐ「馬の背」と呼ばれる1700メートル以上の地域にはアオモリトドマツが欠け、ハイマツ群落になっている。この地域は蔵王山で一番最近まで火山活動があったところで、その影響を受けて、本来成立するはずのアオモリトドマツ林が成立せず、高山帯のハイマツ群落の下降を許していると言われる。おそらく、次に述べるように、その成立には火山地形と共にこの場所の強風環境も大きく関係しているのであろう。

過酷な地でループする形成と崩壊

ハイマツ群落と火山活動との関係はお釜周辺のハイマツ群落で観察することができる。その地域は最近まで火山活動があったので、裸地の間に「火山荒原植物群落」と呼ばれる様々な植物群落が分布している。そして強風地帯でもあるため、土壌の形成が悪く裸地が広がっている。しかし裸地をよく見ると斑点状にヒメノガリヤス、シラネニンジン、コタヌキランなどからなる草本群落が形成されている。こうした草本群落は、風で飛ばされた砂や有機物をキャッチすることと、その植物が枯死することで土壌形成と富栄養化に貢献している。

立地の安定化が進むとやがてガンコウラン、クロマメノキなどの低木が侵入してきて、時間をかけて低木群落へと移行する。さらに、その中にハイマツの種子が落ちるとハイマツの生長が始まる。ハイマツの種子は裸地に落ちたのでは強風や乾燥のために生きられないが、周りの植物の保護を受けて生育が可能となる。

森林総合研究所の研究によれば、ハイマツの種子は、ホシガラスの貯蔵行動（キャッシユ）に依存するため、生育は風衝地のオープンな場所に限定されるという。貯蔵された種子は、翌春にホシガラスによって約90％もの高い確率で回収されるというから、ホシガラスの記憶力もたいしたものである。

ハイマツは春先から初夏の凍上による地表攪乱や土壌乾燥で、発芽後1～2年目までの初期枯死率が非常に高い。そして、発芽やその直後の生き残りを決定する春先から初夏にかけての土壌水分条件が、実生定着を左右する。こうした環境を生き抜いた個体のみがハイマツとして生長するのである。植物の生長は風を防ぐ力を増し、多くの有機物を堆積させる。ガンコウランの優占群落が広がっていく中でハイマツは一層生長し、その結果、ガンコウランの生育は抑えられる。

しかしハイマツの生長も永久に続くものではない。ある大きさにまでなると、強風、土壌環境など外界の環境とのバランスが崩れて生育を続けることができなくなるのである。そうしてハイマツが枯死した跡は植物のない空間となり、風による土砂の吹き飛ばし（風触）が進んで裸地となる。そして、場所を変えて再びヒメノガリヤス、シラネニンジン、コタヌキランなどからなる草本群落が形成され、一連の変化が進むのである。

このように、我々の気付かないところで植物群落の形成と崩壊が場所を変えて起こっている。このような現象は、ある地域の中で異なるステージの群落が混じり合い、ところどころで起こっている。これは「再生複合体」と呼ばれている。このような植物群落の形成と崩壊という観点でハイマツの群落の形成過程を観察してみるのも興味深いのではないだろうか。

奇妙な樹氷の正体は？

蔵王は、樹氷で有名なところである。樹氷は厳寒期の1月下旬頃から3月上旬にかけて、山頂部から少し下側の斜面で見ることができる。冬季、蔵王ロープウェイの山麓駅から山頂線に乗り継ぐと、下に見事な樹氷原が広がっている。山頂駅で降りると、目の前はもう一面、奇妙な形の樹氷が広がっている。この樹氷は、東北地方の奥羽山脈の一部でしか見ることができない独特のものである。

では、樹氷はどのようにしてできるのであろうか。蔵王ではより風の強い山頂部にはハイマツ群落が分布し、風がやや弱いところにアオモリトドマツ群落が分布する。実は樹氷の正体は、この亜高山針葉樹の代表的樹種アオモリトドマツなのだ。あの独特の形をした樹氷は、西斜面に生えているアオモリトドマツへ氷と雪がつくことによって形成されるのである。

蔵王の場合、シベリアから吹いてくる冬季の季節風が朝日連峰で雪を降らせ、水分を減らした状態で朝日連峰を越え「過冷却水滴」となる（水は0度で氷になるが、直径0・01〜0・03ミリほどの小さな水滴では、マイナス30℃でも水滴の状態でいることがあり、それを「過冷却水滴」と呼ぶ）。

この吹きつける冷たい「過冷却水滴」がアオモリトドマツの枝や葉につき、その上に強風で叩きつけられた雪が付着して凍る。そのすき間にも多くの雪が入り込み、固く凍りつくのである。こういう現象が繰り返され「エビのしっぽ」のようになって、あのアイスモンスターと呼ばれる様々な形の樹氷が作られるのである。強風が一定方向から吹かず、気温も適度でないと「エビのしっぽ」はできない。気温が高いと雪が溶けてしまうし、逆に低すぎても雪がサラサラになってくっつきにくい。樹氷は、積雪が多すぎず少なすぎないこと、着氷と着雪のもとになる雪が多いこと、常に一定方向から吹く低温の強風などが形成の条件である。

JR東北新幹線　東京駅→仙台駅→車（蔵王ハイラインを約60分）→蔵王

トウゴクミツバツツジ

アオモリトドマツの扁形ぶりでいかに風の強い場所かがわかる。

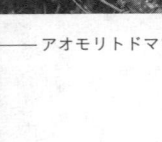

ハイマツ群落の形成過程

ガンコウランの中に侵入生育するハイマツ。

群落を作るハイマツ。しかしある程度育つと枯れてしまい、またガンコウランが生育する土地に戻る。

強風と吹雪の中で生き抜くアオモリトドマツ「八甲田山の森」

湿原とブナ林のコントラスト

八甲田山は、青森県青森市東南方にある、上北郡十和田湖町北部の山々の総称である。火山のカルデラに生じた中央火口丘群で、十和田八甲田地域と八幡平地域の二地域からなる十和田八幡平国立公園の北端に位置する。八甲田大岳（１５８５・６メートル）を主峰とし、前岳・赤倉岳などの８峰で構成される新生代第四紀洪積世の火山である。その中に大小の湖沼が散らばる。

私が最初に八甲田を訪れたのは45年前である。それから何度かこの付近の調査旅行をした。3月のまだ春にはほど遠い八甲田を旅した時、ロープウェイで上って、頂上付近の針葉樹の生えているところまで行ったが、3月なのにすごい強風と吹雪に見舞われたことを思い出す。

八甲田では火山、谷や湿原、山岳の埴生の変化など、様々な自然の形態が見られる。北側山麓の田代には広大な高原があり、湿原とブナ林のコントラストが美しい。冬になると蔵王と同じような気象条件となるため、針葉樹のアオモリトドマツに樹氷が形成されることで知られる。

つい最近の5月にもロープウェイで八甲田に上った。さすがにこの時は吹雪には遭わなかったが、まだ多くの雪が残っていた。雪によって曲がっているアオモリトドマツの姿、雪圧で折れた多くの枝は惨めであった。それでも雪が消えるとアオモリトドマツは活動を開始し、生き続けるのである。雪のない時期には見ることのできない景色で、貴重な経験であった。

この山は明治35（１９０２）年1月23日、青森歩兵第五連隊雪中行軍の山岳遭難が起こった地としても知られているところである。記録的な寒波の中で、指揮官の無謀と無知により、将兵２１０人のうち、１９９人の命が奪われた。その内容は新田次郎の『八甲田山死の彷徨』に詳しい。

雪の量や雪解けの早さで植物が異なる

一般的には八甲田山の山塊を北八甲田と呼ぶが、堤川水系荒川と相坂川水系蔦川以北、青森市から十和田湖に至る観光道路十和田北線（国道３９４号）以北の地域のことを指す。これより南を南八甲田と呼び、これは櫛ヶ峰を主峰として南西部に位置する連峰である。

北八甲田最高峰の八甲田大岳は、中央に火口を持つ円錐形の山で、そこでは代表的な植生帯を見ることができる。海抜９００～１０００メートルまでは山地帯の落葉広葉樹林であるブナ林が広がり、狭い河川沿いにはサワグルミやトチノキの森林が見られる。その上部から１４００メートルにかけては、下の方にはブナが混生するアオモリトドマツ林だ。

アオモリトドマツは日本固有の針葉樹で、静岡県を南限、福井県を西限として分布しているが、北限の地はここ八甲田山となる。一般的なアオモリトドマツ林はダケカンバを交え、林床にはチシマザサ、オオカメノキ、ミネカエデなどが生育する。排水の悪い立地では背丈の低いアオモリトドマツ林となっており、雪の多い東斜面にはチシマザサ群落が形成されている。この一帯の平坦地には高層湿原も発達する。

その上の高山帯ではハイマツ群落が発達するが、ミヤマハンノキや矮小化したダケカンバの群落も各所に見られる。また、風衝地にアオノツガザクラ、ガンコウラン、イワウメなどが生育する高山荒原群落が発達している他、雪解けが遅く、加湿な環境が長く続く場所にはイワウチワ、ショウジョウスゲなどからなる雪田群落が発達している。

自然の力でブナ林が回復した十和田湖周辺

北八甲田の八甲田から十和田湖に行く途中の奥入瀬は渓谷林が美しい。また十和田湖へ行く途中の南東側には、比較的なだらかな地形が広がっている。このあたりは、かつてブナ林を伐採して放牧場にしていたところであった。30年前に訪れた時には、放牧を止めた場所にブナの再生が進み、直径10センチ前後のブナがモヤシ状に林立していた。放牧を行っている場所には何本かのブナが見られるだけで、周囲には裸地が見られたと記憶している。

しかし先年、同じ場所に約30年を経て再び訪れた。すると、完全に若いブナを中心とした森林に変わっていて、往事の面影を探すことができないほどにブナ林が回復していたのである。裸地には牛が休むために残されたブナや、周囲から新たに飛来した種子によって、実生が発芽・生育し、それが成長した結果である。

日本のブナ林の林床には必ずといってよいほどササ類が生育しており、ブナを伐採するとササ原となる。しかし、放牧地の跡では、ササが採食によって根絶されたために、まだ多くの場所でササが侵入していない場所が見られる。いずれにしても、この地域一帯の森林は、単純にいえば自然の力で森林が復元されている途中の場所なのである。

林野庁は平成９（１９９７）年３月、「国道１０３号を挟む南八甲田北部と北八甲田の一部を〔森林生物遺伝資源保存林〕に指定、自然の推移に任せ、森林生態系をそのまま将来に残すこと」を決めた。また、青森県、岩手県、宮城県を管轄する東北森林管理局青森分局では、「奥羽山脈縦断自然樹林帯構想」として、八甲田山から蔵王山までの地域の国有林を対象とした天然林からなる、奥羽山脈縦断自然樹林帯の一部として八甲田山森林生物遺伝源資保存林と他の保護林を連結する森林帯を「緑の回廊」として設定し、野生動植物などの効果的な保全に努めている。森林を伐採して資源を得るという発想から、野生生物のためにも森林を保護するという発想へと森林に対する意識の流れが変わったことは喜ばしいことである。

✈行き方…羽田空港→青森空港→バス→ＪＲ青森駅→バス（約60分）→八甲田ロープウェー バス停

ミヤマハンノキ

ダケカンバの樹形

自然の力で復活してきたブナ林。まだ幹が細い。

能登半島の森

（石川県）▶ p194

上写真は猿山灯台。能登半島には意外な歴史を物語る個性的な森が残されている。

スハマソウ

ムラサキシキブ

トキワイカリソウ

ユキツバキ

石動山の森
（石川県） p202

能登最大のブナ林が残る山。自然の力でブナが再生した、植物の生命力を感じる森。

宝立山の森
（石川県） p206

輪島塗の生地になる「アテ」（ヒノキアスナロ）の林が残る。左上写真は赤黄色土。

白山の森

（石川県・岐阜県） ▶ p209

風が強く雪が６億トンも降る自然の厳しい山だが、豊かな森を育てる。

ツルシキミ

ハウチワカエデ

ハクサンシャクナゲ

ハクサンコザクラ

ウラジロモミと美しい紅葉

石槌山の森
（愛媛県）▶ p224

氷河期の名残として、四国にしか分布しないシコクシラベの林が見られる。

臥竜山の森
（広島県）▶ p238

天然の杉を交える立派なブナの自然林が残る貴重な森。山頂部には湿ったブナ林がある。

宮島弥山の森

（広島県） ▶ p232

昔はアカマツ林が島の代表的な風景だったが
松枯れでマツの少ない森に変わってしまった。

ヤマボウシ

サルトリイバラ

出雲大社の森

（島根県） ▶ p243

社叢として大事に守られてきたモミが飛び出すスダジイ林。

ハマビワは島根半島が分布の北限。

隠岐の島の森
（島根県）▶ p249

▶ p249

上写真はかぶら杉。超大陸パンゲア時代にさかのぼる歴史のある島の植物は個性的。

乳房杉

キエビネ

美保神社の森
（島根県） ▶ p245

大社造りを２つ並べた「美保造り」。スダジイとウラジロガシの自然林を見ることができる。

ガルトネルの森
（北海道） p256

日本最古のブナ植林の貴重な森。幹がまっすぐでツルツルしているブナが育っている。

黒松内（歌才）の森
（北海道）▶ p265

日本のブナの北限の地である。なぜここが北限なのかはまだ解明されていない。

ハナイカダ

ウリハダカエデ

知床半島の森

（北海道） ▶ p271

知床五湖に生育するトドマツ。知床ならではの植物を観察しながら散策を楽しみたい。

チングルマ

ハマナス

奥尻島の森

（北海道）▶ p261

海岸にへばりつくようなブナ。
ここにもブナの生存戦略のドラマがある。

対馬の森

（長崎県）▶ p280

植物からも大陸との交流の歴史がわかる。右上がチョウセンヤマツツジ、右下がヒトツバタゴ。

宇佐神宮の森

（長崎県）▶ p287

神域として長年守られてきたイチイガシの自然林が見られる大変貴重な社叢。

由布岳の森

（大分県）▶ p290

由布岳の麓には草原が広がり、氷河期の名残の珍しい植物が観察できる。

黒岳の森

（大分県）▶ p297

山頂部にはミヤマキリシマが美しいピンクの花を咲かせる。

清涼な水がこんこんと湧き出している男池。

オヒョウの林

高隈山の森

（鹿児島県） ▶ p301

ここには日本南限のブナ林がある。箒を逆さまにしたようなブナに驚く。右上写真はヤブコウジ。

屋久島の森

（鹿児島県）

▶ p306

ヤクスギはなぜ長寿なのか、屋久島にはなぜブナ林がないのか、植物の謎がいっぱいの島。

オオタニワタリ

ヤンバルの森

(沖縄県) ▶ p326

上写真はヤエヤマヒルギのマングローブ林。

オヒルギの花

ヘゴの大木

第5章　北陸の森

林が土地の歴史を教えてくれる「能登半島の森」

勇壮な日本海側と優美な富山湾側

能登半島形成の歴史は古い。その基盤は2億年~2億4000万年前にユーラシア大陸の東縁部に形成された深成岩類で、日本列島が大陸から分かれた時期に既に形成されていたという。その代表的な岩石である飛騨花崗岩類は、富来《とぎ》、石動山《せきどうさん》、宝達山《ほうだつさん》地域に散在的に、その露出が見られる。その後、半島沿岸部が沈降して沈降海岸を形成、海域が拡大したという。

能登半島は北陸で日本海に突き出した半島であるが、その語源はアイヌ語で「長靴」を意味するという。確かに、その形は長靴に似ている。その日本海側は「外浦」と呼ばれ、能登金剛、曾々木海岸など勇壮で男性的な景色を持つ岩がむき出しになった場所が多い。一方、富山湾側は「内浦」と呼ばれ、穏やかな湾入地形のために波が比較的穏やかで、九十九湾や恋路海岸など、繊細で穏やかな対照的に女性的な景観である。

半島内部は、浸食が進んだ地形が支配的であり、標高200~500メートル程度の丘陵地帯が続いている。能登半島は能登の人々の人情を表現するのに「能登は優しや土までも」という言葉がある。人はもちろんのこと土までも優しいと言われる。これもこの地形のさまを含めて表現しているのではないかと思う。

平成19（2007）年3月25日午前9時41分に輪島市西南西沖40キロメートルの日本海で地震が発生した。M6・9の能登半島地震である。その記憶も新しいが、最近訪れた能登半島中部の富山湾側の町、穴水《あなみず》の中心部では倒壊した家屋の跡が、裸地や駐車場になっているところが多かった。過疎化が進み続けているこの町に、今回の地震はさらに、それに追い打ちをかけることになった。悔しい限りである。

珍しい邑知潟《おうちがた》地溝帯

能登半島は本州側部から先端部に向かって、口能登、中能登、奥能登と分けて呼ぶことが多い。本州側の口能登と中能登・奥能登は邑知潟地溝帯（邑知平野）で画されている。この地溝帯（潟）は、平坦な台地だったところが陥没して形成されたと言われ、能登半島を東西に切るように西の羽咋市《はくいし》と東の七尾市をつなぐように広い水田地域として延びている。

天平18（746）年6月に越中守に任じられた大伴家持《おおとものやかもち》は、天平勝宝3（751）年7月に帰京するまでの5年間、越中国に在任した。その移動や巡視の折に、水を湛えたこの潟を船で移動したと言われている。今では水田になっているが、日本海に近い場所には「邑知潟」と呼ぶ水をたたえる場所が今も残り、その名残をとどめている。

地溝帯の南（口能登）には山々が連なっている。これは眉丈山山系と呼ばれる。その名は、美人の眉のように山頂の高さが同じ山々が連なっているところに由来するという。宝達山、石動山、七尾城などがこの山系の中にある。

この地溝帯に北で接する場所（中能登の最南端）の日本海側の羽咋市には能登国一之宮の気多大社《けたたいしゃ》がある。祭神の大己貴命《おほなむち》は出雲から300人と共に舟で能登に入り、この地を開拓した。そのことから能登の守護神としてこの地に祀られ、古くから北陸の大社として信仰されている。万葉集には越中国司であった大伴家持が天平20（748）年に、この気多大社に参詣し、邑智潟地溝帯を船で移動した時に詠んだ歌「之乎路から 直越え来れば 羽咋の海朝凪《な》ぎしたり 船楫もがも」が残っている。

この大社の本殿など5棟の社殿が国の重要文化財に指定されている他、「入らずの森」で知られる神社の社叢は、国の天然記念物に指定されている。40数年以上前、許しを得てこの社叢を調査したことがある。森林はスダジイ、タブノキが高木に優占し、下層はヤブツバキ、ヤブニッケイ、ヒサカキ、ヤツデ、ヒメアオキ、ベニシダ、トキワイカリソウ、ジャノヒゲ、ヤブコウジなど常緑の種によって構成されていた。スダジイ林とタブノキ林の両方の要素を基本的に持ちながら、太平洋側の地域に比べると林の構成種が少ないという特徴があった。

ケヤキ林とスダジイ林

能登半島は、その位置と形からして、日本海側の外浦は冬季季節風の影響をもろに受ける。

そのため、半島の日本海側と富山湾側とでは地形だけでなく、気象環境も、それに影響された植生も異なる。

能登半島の自然林としては、常緑広葉樹林と落葉広葉樹林の2つの森林型が見られる。低地に残る自然林を観察すると、日本海側地域（外浦）では落葉広葉樹林のケヤキの自然林が広がる。この日本海側のケヤキ林は富山湾側に発達するそれとは種類構成が異なるタイプ（ケヤキ―イタヤカエデ群集）で、背の低いケヤキ、エゾイタヤ、エノキの高木層の下に、ヤブツバキ、シロダモ、ヒメアオキ、ガマズミ、バイカウツギなど常緑と落葉の種が混生している。この群落の特徴は草本層の発達が良いことで、シシウド、オシダ、クマワラビ、ヤブラン、オオバジャノヒゲ、トキワイカリソウ、ニシノホンモンジスゲ、タニセリモドキ、クルマバソウ、アキカラマツなど多くの種を多く含んでいる。そして、多くの場所でニシノホンモンジスゲが優占する。

一方、比較的温暖な気候の富山湾側（内浦）では神社林を中心にスダジイ林が各所に見られる。スダジイ林（スダジイ―ヤブコウジ群集）は、スダジイ、タブノキの高木層の下に、モチノキ、ヤブツバキ、ヒサカキ、シロダモ、ツルグミ、ヒメアオキ、ハイイヌガヤ、ネズミモチ、オオバクロモジ、ムラサキシキブ、ツルシキミ、ムベなど常緑樹と落葉樹が混生する。草本層にはジャノヒゲ、シシガシラ、ツタウルシ、イワガラミ、ベニシダ、テイカカズラ、キヅタ、キッコウハグマ、ヤブコウジなどに生育するが、優占種がない。低木層以下に日本海側地域に特有な種や山地性の種であるヒメアオキ、ハイイヌガヤ、オオバクロモジ、ツタウルシ、イワガラミなど含むことが特徴である。このスダジイ林の典型的な林は半島の先端部の須須神社や九十九湾《つくも》の蓬莱島《ほうらいじま》に見ることができる。

神社とタブノキ林

能登半島のタブノキ林はタブ―イノデ群集と呼ばれるもので、分布は能登半島全域に見られる。林の構造は、タブノキを高木の優占種として、その下にはヤブニッケイ、エノキ、ウリノキ、シロダモ、ヒサカキ、ヒメアオキ、トベラ、イノデ、ヤブソテツ、コタニワタリ、オニヤブソテツ、キヅタ、オオバジャノヒゲ、ヤブラン、ツタ、オモト、カラタチバナなどが目立ち、スダジイ林とはいくぶん構成種を異にする。この林は外浦にも見られるが、そこでは海風を避けて風上に風をさえぎる、入り組んだ地形の場所に限って分布している。そのような場所には神社が配置されていることが多く、神社の社叢はいつもタブノキ林である。そしてその風上側には風を防ぐように日本海側特有のケヤキ林が発達していることが多い。このように小規模な腹背的分布構造が見られ、ここでも季節風の影響が現れている。

森に隠されている能登の歴史

さらに、全体から見れば局所的であるが、能登半島には、植生的に特筆すべき森がある。

そのひとつは、半島の先端部の山伏山《やまぶしやま》の山頂部のアカガシ林である。その林は高木層にアカガシが優占し、それにスダジイとウラジロガシなどが混じり、亜高木層にコシアブラ、ヒサカキ、シロダモ、ヤブニッケイ、低木層以下にはシナノキ、ケヤキ、ウラジロノキ、コハウチワカエデ、アカシデ、ウリハダカエデ、ヒサカキ、ハイイヌガヤ、アカガシ、ヒメアオキ、ツルシキミ、ジャノヒゲ、ベニシダが生育する。この林もスダジイ林の場合と同様に落葉樹を中心に山地のブナ林の種を含んでいる。

もうひとつは輪島の西、日本海に面した猿山地域のケヤキ林である。能登半島を指で例えれば、それはちょうど左手の人指し指の第一関節の外側の位置にあたる。風の強いこの地域のケヤキ林は強風によって風下に樹形を曲げ、いびつな樹形をしている。そのため、このケヤキ林は群落高が低く、高くても5メートル程度である。最上層にはケヤキ、エノキが優占するが、場所によってはナラガシワ、カシワ、シナノキなどが混生する。林床にはスハマソウ（雪割草）やギョウジャニンニクが生育し、それらが一面にカーペット状に分布する。特殊な葉の形をして、早春に美しい花を咲かせるスハマソウは北陸地方の各地に見られるが、ギョウジャニンニクは、近くは白山の亜高山帯に見られる種であり、それがこのような低地に下降して隔離分布しているのである。また、スハマソウやギョウジャニンニクと落葉樹の種からなる群落は、韓国の鬱陵島《ウルルントウ》にあるタケシマブナ林で見ることができる。鬱陵島ではスハマソウがオオスハマソウであることで異なるが、類似の構成が日本海を挟んで向き合う位置にある韓国の島と類似していることが面白い。もしかしたら、これらの林とその種構成は、能登半島の形成の歴史を語る証人なのかもしれない。

痩せ地に広がるアカマツ林

能登半島全体は開発の歴史が古いことから、二次林の面積が広い。これは低い丘陵が支配的で、古くから人の影響を受けてきたことの反映である。しかし、二次林であっても能登半島の長い歴史を反映した植物群落が分布している。

その第一は内浦に分布することの多いアカマツ林である。能登半島の富山湾側の海岸は沈降海岸で、小規模なリアス式海岸を形成し、水深が深い。その証拠に、あまり知られてはいないが、第2次世界大戦中、日本海軍は潜水艦の停泊地として、中能登の富山湾側の穴水湾を利用していたという。ゆるい傾斜を持つ尾根では表層には第四紀の温暖な時期に形成された化石土壌と呼ばれる「赤黄色土」が露出していることが多い。この土壌は地域一帯が高温多雨の熱帯気候条件下にあった時に岩石がラテライト化作用という変化を受けて形成されたもので、土壌は貧栄養である。これらの人の影響と土壌条件の悪さから、丘陵一帯は広くアカマツ林分布域になっている。アカマツ林にはアカマツ、ネズミサシなどの針葉樹のほか、ヒサカキ、ヤブツバキ、ネジキ、コシアブラ、ユキグニミツバツツジ、リョウブなどの低木と、ツルアリドオシ、オオイワカガミなどが生育するが、このうち、ネズミサシは南方系の植物、オオイワカガミは山地系の植物である。また、内浦中部の九十九湾一帯のアカマツ林内には南方系のシダ、ウラジロが林床に密生する場所が各所に見られる。これらの植物の生育は、特殊な立地条件と温暖な海洋性気候がもたらした植物群落の一断面である。この特殊な立地に分布する能登半島のアカマツ林も、マツ枯れ被害によりアカマツ自体が枯死している場所も多く、その面積を減少させている。

第二はヒノキアスナロの植林地が広がることである。能登半島でも加賀地方でも、谷地形の立地には、一般にスギ植林地が多く見られる。もちろん、この傾向は能登半島でも同様であるが、能登ではこれに加えてヒノキアスナロの植林地が加わる。このヒノキアスナロを地域の人は「アテ」と呼ぶが、このアテは東北地方から運ばれてきたといわれる歴史を持ち、この材は輪島塗の漆器の材料としてなくてはならないものである。ここにも能登半島の自然の個性が出ている。この「アテ」に関しては「宝立山」のところで後述する。

✈行き方…羽田空港→小松空港→バス→JR七尾線　金沢駅→羽咋駅→バス→一之宮 バス停

オオイワカガミ

能登最大のブナ林が残る「石動山《せきどうざん》の森」

天から石が降ってきた伝説

能登半島では、かつては海抜２００メートル以上の場所にブナ林が分布していたと推定されている。しかし今では宝達山、石動山、高州山、宝立山などの数カ所の山頂部に点々と残っているだけになっている。人々の生活圏内であるため、ほとんどの林が人の影響を受けているが、ブナ林としての種類構成の基本はしっかり備えている。そのひとつが石動山である。

石動山は能登半島の地溝帯の南に東西に延びる宝達丘陵の東の端にある海抜５６５メートルの山で、能登半島第3位の高さを持つ。

かつて山岳信仰の霊場として、天下にその名が知られ、山そのものを神としていた。『石動山縁起』では、その昔、森羅万象を司る3つの石のうちのひとつ「動字石」が天より降ってきて、山全体が揺れ動いたところから「石動山」と名前が付いたとされる。古くは「いするぎ」、「ゆするぎ」と呼ばれていた。山頂の伊須流岐比古《いするぎひこ》神社の境内に鎮座する動字石（天漢石）がその天から降ってきた石（隕石か？）ではないかと言われてきた。ある時、それが気になった人が、実際にその石の性質を調べてみた。調査の結果、この石は隕石ではなく火山性の岩石、安山岩であったという。調べないで隕石としておいた方が夢があって良かったかもしれない。

坊跡や戦跡が広がる

石動山の山頂部一帯には、延喜式で能登二の宮とされた伊須流岐比古神社や古代・中世の石動寺の遺構がある。伝承では、養老年間（７１７―７２３年）に、加賀の白山を開いた泰澄《たいちょう》が石動山を開いたとも言われる。天平勝宝８（７５６）年、泰澄が講堂を建立し、それを天平勝宝寺としたとされ、延喜式には伊須流岐比古神社として登場する。この山は山岳信仰の拠点で、最盛期の中世には北陸７カ国に勧進地を持ち、約３６０の坊、衆徒３０００人を擁していたとされる。その坊跡が今でも山の各所に広がる。

南北朝の争乱や天正10（１５８２）年の石動山合戦では戦いの舞台ともなった。特に天正10年の前田利家軍との戦いでは４３００人もの兵がこの山にこもり戦ったが、焼き討ちに遭い、全員が戦死したと伝えられている。その後、能登・加賀を治めることになった前田家により復興されたが振るわず、明治時代初頭の神仏分離政策のもとほぼすべての院坊が破却され、以後復興されることなく廃寺となった。

このような歴史から、石動山一帯の約３１０ヘクタールが昭和53（１９７８）年に国の史跡に指定されている。この山からは、能登半島や富山湾、立山連峰の美しい風景が望める。

戦乱から蘇ったブナ林

石動山のブナ林は長い歴史の中で、人の影響を受けながらも一部が社叢として保護されてきた背景を持ち、自然の力で復元された森である。山頂を中心に三日月型に南に約２００メートル、東西に約５００メートル、ブナの老木が鬱蒼と枝を繁らせている。戦乱のため長い期間に渡り、山頂部分はまったく植物のない空間になったと思われるが、各所に生き残った種が発芽し、年月をかけて今日のような鬱蒼とした森林を創ったのである。栄華を誇った人はその後戻ることはなかったが、植物と植物群落は確実に再生し、今では自然林とまったく同じ種類構成と階層構造で再生している。なんとも強い植物の生命力を感じさせる。

能登半島の貴重なブナ林の中で、この石動山のブナ林は面積が能登最大である。このブナ林は海抜５００メートル以上に広がっているが、山頂部は風が強いために樹高8メートル前後のブナが多い。また、ここでは風上にあたる西側斜面の方がより低海抜地にまでブナが見られる。加えて、ブナにはあまり見られない崩芽した幹が多く見られるのもここのブナの特徴である。最大のブナは山頂南側にあり、樹高20メートル、直径20～50センチである。

石動山のブナ林の種類構成を見ると、日本海側のブナ林の種であるハウチワカエデ、エゾユズリハなどを含みながら、乾燥立地を指標するユキグニミツバツツジ、ホツツジ、さらにはより低地の森林要素であるクリ、ネジキ、タカノツメなどを含む。これは日本海型ブナ林の低地型で、中国地方と同じタイプ（ブナ－クロモジ群集）に所属するブナ林である。また、ここではヤブツバキが多雪機構化で進化し、低木化したユキツバキが生育する。この種は邑知潟地溝帯を挟んで北側（中能登や奥能登）には見られない。ここには白山の低地と共通して分布しているのである。

苔むした激戦地・七尾城址

この石動山の近くには中世に畠山氏によって築かれた七尾城址がある。その城跡からは凹地潟地溝帯と七尾市の市街地を望むことができる。この七尾城は難攻不落で知られた堅城であった。上杉謙信がこの城を攻め、天正５（１５７７）年９月13日に陥落寸前の七尾城外（本陣としていた石動山大宮坊で）、諸将と名月を眺めて吟じた「霜は軍営に満ちて秋気清し、数行の過雁月三更　越山併せ得たり　能州の景　遮莫（さもあればあれ）家郷の遠征を憶う」は、秋の風情と戦いのむなしさを込めて吟じたものとして、あまりにも有名である。今、その城址には苔むした石垣だけが残り、兵どもの夢の跡を偲ぶだけである。

行き方…ＪＲ北陸新幹線 東京駅→ＪＲ七尾線 金沢駅→能登二宮駅→車で約25分→石動山（資料館、ブナ林の遊歩道、伊須流岐比古神社遺構、パノラマ展望台など）

輪島塗の生地となるアテの林が広がる「宝立山《ほうりゅうざん》の森」

珠洲広域農道を散策

宝立山（471メートル）は、能登半島の先端に近いところに位置する山で、石川県珠洲《すずし》市にあるが、輪島市との境に近い。黒岳と丸山からなり、海上航行の目標ともなっていた山で、鰤網《ぶりあみ》を置く際の目印にもなっていたという。

この山はかつての修行場であり、山頂には「黒峰大権現」の小さな祠《ほこら》がある。この宝立山から流れる般若川の「曽の坊滝」は、落差13メートル、修験者の行場となっていたという。

今は、宝立山の真横を珠洲広域農道が通っていて、最高地点までは10分も歩かないで到達するが、私が最初に訪れた昭和44（1969）年にはこの林道はなく、麓の白滝集落から南に細い道を登った。その頃の宝立山の山麓は樹高10メートル前後の落葉広葉樹林で、クリ、コナラ、ミズナラ、イヌシデなどの森林が広がっており、深く

宝立山から見た能登の丘陵。

まで入り組んだ谷津田がそれに接している、いわゆる里山の景観を持つ地域であった。そこからブナ林が遠望できたことを覚えている。

ユキツバキがないブナ林の謎

この山は頂上部だけには奥能登を代表するブナ林が残っている。この山中ではブナは既に海抜３００メートル前後から萌芽したブナを見ることができる。高度が上がり、海抜３７０メートル付近の登山道沿いではブナは樹高12メートル程度のブナ林を形成している。

ここのブナは、日本海からの風を直接受ける山頂部では、強風によって樹冠が変形した個体が多い。風上側の北東山頂部、４６０メートル付近はブナ林によって占められているが、その樹高は8～12メートルと低い。さらに、その地域では伐採を受けて後に再生したブナ個体が萌芽しており、直径15～20センチの木になっている。

一方、風裏側の南西部の同一高度地域ではブナは16メートルにも達し、直径15～35センチに育っていて、萌芽も少なく、風上に比べてはるかに大きい樹木から構成されている。その林の構成種はブナ、ハウチワカエデ、ヒメモチ、ハイイヌガヤ、エゾユズリハなどの日本海側ブナ林の植物、ユキグニミツバツツジ、ヤマツツジなど乾性立地の種、ヒサカキ、アオハダなど低地の森林の種を含んでいる。特に、ヒサカキ、アオハダなど低地の種は同じ北陸に属する白山のブナ林には見られず、ブナ林としては低海抜地型といえ、中国地方から続くブナークロモジ群集に属するブナ林タイプである。

さらに、ここのブナ林の特徴は、石動山と類似したブナ林でありながら、北陸地方の日本海に近い山地に多いユキツバキが見られないことである。ヤブツバキとユキツバキの中間型であるユキバタツバキをも含めて分布していない。

ユキツバキは、シイ林やカシ林で普通に見かけるヤブツバキと同じツバキ属である。しかしヤブツバキとはまったく別種に分類されており、第四紀の2万年前に最盛期を迎えた最終氷期（ウルム氷期）以前に、すでにヤブツバキとは分かれていたらしい。では、なぜユキツバキが宝立山には分布しないのであろうか？

昔、能登半島には、現在の能登と中能登を分ける地域に邑知地溝帯があった。この水路の存在によりユキツバキは地溝帯を越えてさらに北へは移動できなかったと言われている。宝立山のブナ林は能登半島に残る数少ない自然の証明者として貴重なブナ林である。ここのブナ林は、山頂部の992平方メートルが昭和41（1971）年に「黒峰の林叢《りんそう》」として、珠洲市の天然記念物に指定されている。

輪島塗の生地になるアテの森

この山域にはもうひとつ注目したい森林がある。それは、この地方で「アテ」と呼ばれている針葉樹林である。宝立山のアテの林は白滝集落に近い、北向きの断崖絶壁の小面積に残っている。崖下の水田から直接登るのは不可能であるため、人の手がまったく入らずに完全に孤立している。

また、山麓にはアテの造林地はまったくなく、自然林の様相を示す極めて貴重な存在である。この林は平成11（1999）年には珠洲市の「宝立山のアテ原生林」として史跡・天然記念物として指定された。輪島塗のお椀などにはこのアテが生地として使用されている。アテはこの地方にはなくてはならない木であり、能登半島の日本海側地域にはこのアテの植林地が各所に見られる。

ここでは針葉樹林をなぜアテと呼ぶのであろうか。一説には、この種がこの地の気候風土に適しており、おおいに「当たった」ということから名付けられたと言われている。また、ここのアテは東北から持ち帰って植えられたものが起源という説もある。その昔、奥州の藤原秀衡《ひでひら》の第三子、泉三郎忠衡《ただひら》がこの地に来て居を営んだ。その後、代を重ねて、天正年間にその子孫である泉兵右衛門が祖先の故郷の奥州唐沢山を訪れ、帰途にこのアテを持ち帰ったというものである。

アテを検索すると、アスナロの変種であるヒノキアスナロに行きつく。ヒノキアスナロは別名をヒバと言い、自然分布の中心は北日本にある。東北地方から北海道の渡島《おしま》半島に特に多く見られ、奥日光の湯の湖付近が分布の南限とされる。日本海側では佐渡島にも分布し、宝立山のものはそれよりも西に分布しており、わが国の分布西限の地である。

林内では伏状性の稚樹が見られ、自然に更新が行われている。この林はどのような状態で、どのような植物と一緒に生育しているのであろうか。アテの林は40~60度の急傾斜地に分布しており、群落高は13~15メートル、ヒノキアスナロの胸高直径は30~40センチで決して大きくはない。群落の構成種は、高木層はヒノキアスナロに加えて、ブナ、ミズナラ、アカシデ、亜高木層はナナカマド、タカノツメ、マルバマンサク、低木層はホツツジ、ユキグニミツバツツジ、ナツハゼ、草本層はイワナシ、オオバスノキなどが見られ、低海抜地に分布する、やや乾燥型のブナ林に出てくる植物が多く見られるのが特徴である。

✈行き方…羽田空港→のと里山空港→車→宝立山ポケットパーク

マルバマンサク

株状に崩芽したブナ。

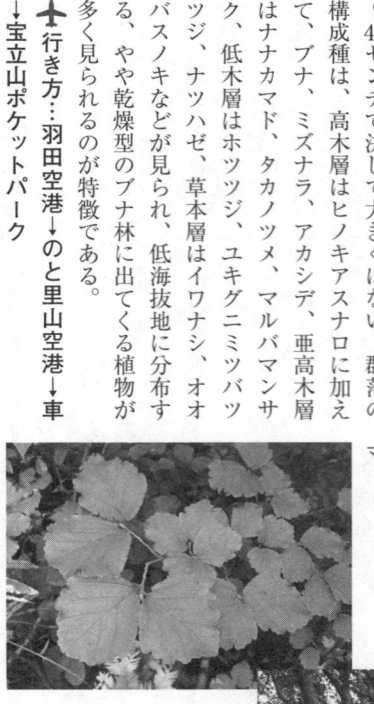

強風と積雪が表情豊かな林を作る「白山の森」

今でも活火山

白山は御前峰《ごぜんがみね》（2702メートル）を中心とする火山で、白山より西には2000メートルを超す火山はない。そのため多くの植物の分布の西限の地になっている。白山は御前峰を中心として大汝峰《おおなんじみね》（2684メートル）、剣ヶ峰（2677メートル）が山頂部を形成する。地域の人々は白山を「しらやまさん」と呼ぶ。雪をかぶった白山山頂部がいろいろな場所から遠望できることからきている。

この山は古くから信仰の山とされ、立山、富士山と共に日本三名山とされている。平安初期に越前の僧泰澄《たいちょう》によって開山されたと伝えられ、御前峰山頂の最高点には白山比神社《しらやまひめじんじゃ》奥社が鎮座している。

かつて白山地域には、現在の琵琶湖の10倍ほどの広さの湖「手取湖《てどりこ》」があった。その時期は中生代のジュラ紀から白亜紀の約1億4千万年から1億千年前で、その湖に貯まった堆積層は「手取統《てとりとう》」と呼ばれる。その後、白亜紀後期から古第三紀にかけては火成岩である濃飛流紋岩《のうひりゅうもんがん》が北部から東部にかけて広がる地帯が形成された。そして第四紀には火山の形成が始まる。大汝峰は約10万年前の噴火の名残りとされている。約1万年前には現在の山頂付近を中心として新白山の火山活動が起こり、現在の御前峰をはじめとする白山ができた。紺屋ヶ池付近はその時の火口という。

これらの火山活動は多量の噴出物を周辺地域に堆積させた。白山はその後も噴火し、『続日本紀』には慶雲9（706）年に噴火の記録があり、天正7（1554）年8月27日には地獄谷より噴火。さらに万治2年（1659）年2月には白山が鳴動し、降灰があったという。これらのことからわかるように、白山は今でも活火山なのである

約6億トンも雪が降る

白山の脊梁山脈は日本海近くから始まり、ほぼ南北に延びている。多量の積雪を持つ白山山系からは、その豊富な雪解け水を集める手取川、九頭竜川、長良川、庄川などの河川が石川、岐阜、福井、富山の4県に流れ、平野を潤しつつ、海へ注いでいる。白山（御前峰）までの日本海からの直線距離は約60キロメートルで、その間に2000メートルを超す山岳はなく、日本海を渡ってきた北西の冬季季節風は、直接この白山に吹き当たり、風上側に位置する石川県側に多量の降雪をもたらす。白山山麓の石川県白峰では平均積雪量が243センチ（最大682センチ）、風下側の岐阜県の荻町では172センチ（最大356センチ）である。海抜2000メートルくらいの場所ではさらに積雪は深く、7メートルにもなる。そ

の量たるや大変なもので、白山の標高５００メートル以上の山地には約６億トンもの積雪があることになる。そして、これらの地形的特徴と気候条件が白山の植生分布を大きく決定することになっている。

多様な植生の分布と優れた景観から、この御前峰を中心とする地域一帯の石川・岐阜・福井・富山の４県にまたがる総面積４７４０２ヘクタールの地域が昭和37（１９６２）年に白山国立公園に指定されている。また、昭和55（１９８０）年には豊かな生態系を保つこの国立公園一帯は生物多様性を保全しながら人々がそれ利用することを目的としたユネスコの生物圏保存地域（エコパーク）に登録され、さらに、平成21（２００９）年に日本ジオパークに認定されている。

日本海型の特徴を示す白山のブナ林

私が初めて白山を訪れたのは大学生の時だった。昭和43（１９６８）年当時、石川県と岐阜県を結ぶ「白山スーパー林道」が計画段階で、地域の自然の実態調査と自然の保護の対策のために調査団が結成されていた。私の恩師もその調査団に所属していたので、私も手伝いとして調査に参加させてもらったのである。その林道は昭和52（１９７７）年に完成し、今は「ホワイトロード」と呼ばれている。

私の故郷の九州の大分でもブナ林がないわけではないが、その頃はブナに馴染みが薄かった。最初に白山でブナを見た時、すらっとした幹、木の肌は灰白色で、枝がしっかりとのびのびと天に広がっている、なんとたくましく、美しい木か！　と、たいへん感激した。翌年も調査に参加した私は、九州では見られない亜高山植生や高山植物群落を目にして、白山の植物群落の多様さと素晴らしさにおおいに感激した。このブナに対する思いもあって、大学院ではブナ林をテーマとして選ぶことになった。以来、ブナ林が私の興味の中心であり続け、ブナ林の研究がライフワークとなった。

白山のブナ林は海抜500〜1600メートルにかけて厚い分布帯を形成している。その帯の中の谷や尾根には別の林が分布している。谷沿いには、渓谷林としてのサワグルミ林、トチノキ林が発達し、痩せ尾根にはヒメコマツ、ヒノキ、クロベなどからなる針葉樹林が帯状に発達しているが、その分布は地形的に限られ、その面積は小さい。

ほとんどの地域を占めるブナ林は、日本海側ブナ林の典型的なタイプ（ブナ―チシマザサ群集）である。この群落の高木層には18〜25メートルほどのブナが優占し、その下層には日本海側特有のハウ

岩場に生えるヒメコマツ。

チワカエデ、マルバマンサク、タムシバ、リョウブなど3〜5メートルの亜高木層、オオカメノキ、チシマザサの低木層が形成されるのが一般的である。この低木層の中には日本海要素と呼ばれる常緑の地這性低木のエゾユズリハ、ヒメモチ、ツルシキミ、ハイイヌツゲなどが生育する。

白山でのスギの生存戦略

白山のブナ林の中にはいくつもの群落が区分されているが、それらの発達と分布は明らかに地形や地質と関係を持ち、地域性がある。

岐阜県側の大白川一帯では火山岩である濃飛流紋岩が広く分布している。この岩石は硬く、風化によって鋭くひび割れしやすい。急な斜面を形成しやすく、土砂も流れやすい。そのため、乾いた立地を作る。そこには、乾いたところに耐えられる針葉樹のヒメコマツ、ヒノキ、クロベなどと、ツツジ科のホツツジ、ユキグニミツバツツジ、アクシバ、アカモノ、イワナシなどが生育し、針葉樹と混生したブナ林を形成する。

一方、岐阜県側のそれ以外の地域と石川県側の大部分の地域は古い時代に堆積した手取層群の地域が広がっている。そこでは浸食された斜面はそれほど急斜面にならず、緩い斜面を作る。しかも、この堆積岩が風化すると粘土質の土壌を形成することが多く、水もちがいい。そこにはスギを交えるブナ林が発達している。スギは日本にしか分布しない日本固有の植物で、屋久島から秋田までに広く分布している。分布の南限となる屋久島では多くの常緑樹種と混じって生育し、中国山地から、北陸、白山、立山を経て、秋田県まで山地のブナ帯の中に生育している。しかし、ブナ林の中でのスギはどこでも高さが低く、10メートル前後しかないが、直径は大きい。樹形は、ずんぐりむっくりという感じである。

スギは直根性で、カルシウムを好む植物なので、カルシウムが上から供給される谷地形の立地が敵地である。林業家はそのことを経験的に知っており、人々は古くから谷にスギを植えてきた。しかし、この野生のスギの分布地域は尾根に限られている。谷の湿った本来のスギの生育に最適な立地は、同じくそこを適地とするサワグルミ、トチノキなど別の種に占拠されてしまい、競争に弱いスギは尾根部に逃げ込んだのである。野生のスギがかろうじて見出した立地が、栄養分には乏しいが、比較的水分に恵まれた緩い尾根から斜面上部であったということである。

ホワイトロードのブナ林

白山のブナ林はどのようなタイプがどのような立地に分布しているのであろうか。そして、その環境はどのようなものであろうか。それを知るために、私が白山ホワイトロードの途中にある三方岩岳（1736メートル）の中腹に分布するブナ林で調査した結果を紹介しよう。

現地のブナ林の調査で区分された植物群落の分布を示した植生図〈図Ⅰ〉によれば、最も北の部分は伐採跡群落（Ｇ）があり、ブナ林の広がる北斜面にはシラネワラビ、ヤマドリゼンマイなどが生育する湿性型ブナ林（Ａ、Ｂ）、緩い尾根上はウラジロヨウラク、キヨウラクツツジの生育するやや乾性型ブナ林（Ｃ、Ｄ）、南斜面にはハイイヌガヤ、クルマバハグマが生育する適潤型ブナ林（Ｅ）、やや痩せ尾根にはヒメコマツ、ホツツジを伴う乾性型ブナ林（Ｆ）が分布している。等高線の分布と植物群落の分布を重ね合わせてみると、それは地形とよく対応していることがわかる。

　植生図を作成した地域内で、多くの地点で試抗を掘り、土壌型の分布を示した図**〈図2〉**を作成した。それによれば、西の痩せ尾根部には乾性ポドゾル土壌と乾性褐色森林土（１、４）、北斜面には凹地に湿性ポドゾル土壌は表層がグライ化した湿性型の土壌（２、８）が分布している。また、緩い尾根上には乾性褐色森林土や適潤性褐色森林殿偏乾亜型など乾性からやや乾いた土壌（３、５、６）が分布している。そして南斜面にはより湿った適潤型土壌（６、

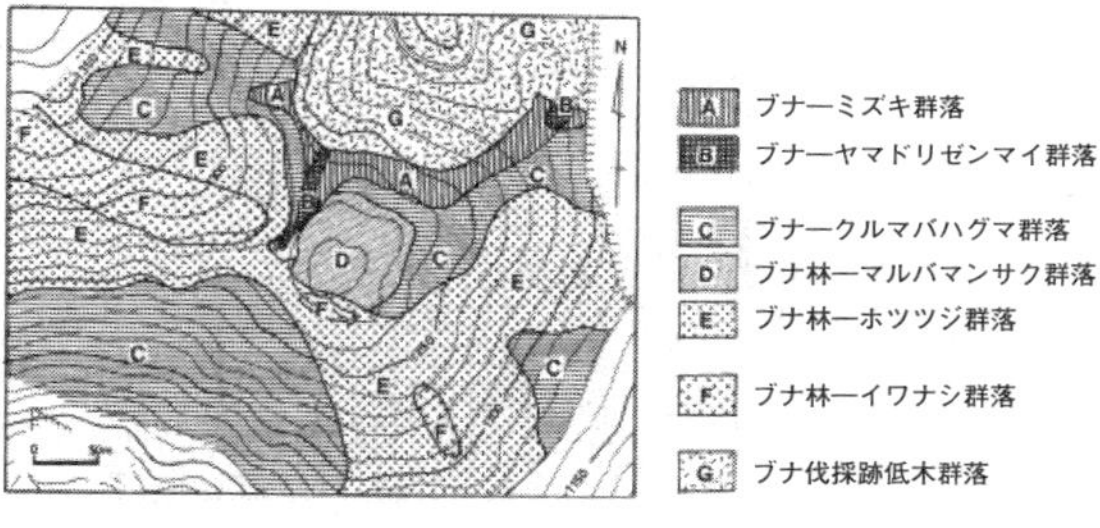

〈図１〉ブナ林群落分布図

〈図2〉 土壌図

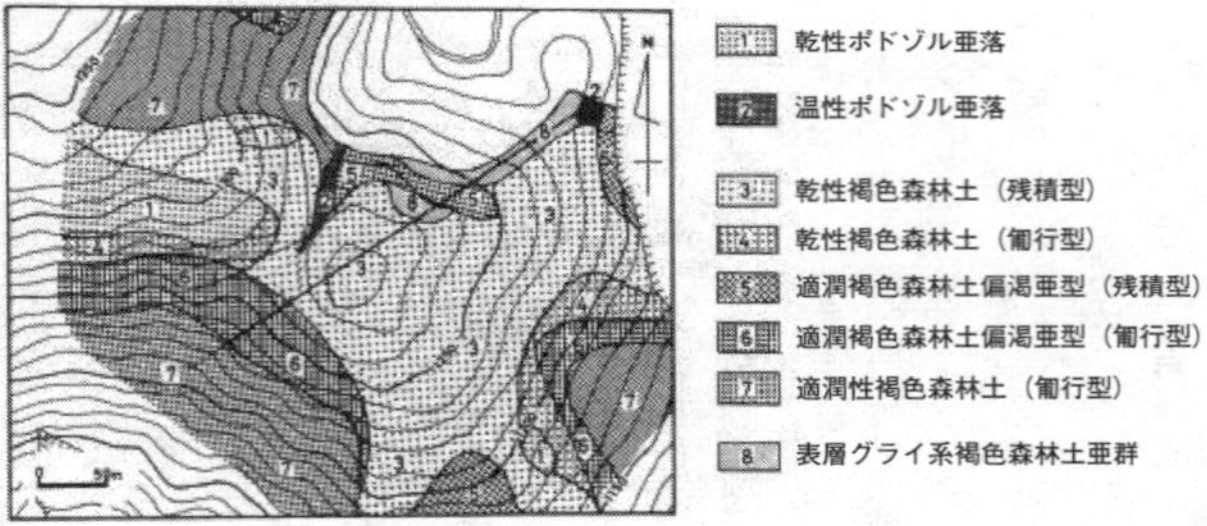

〈図3〉 積雪深分布図

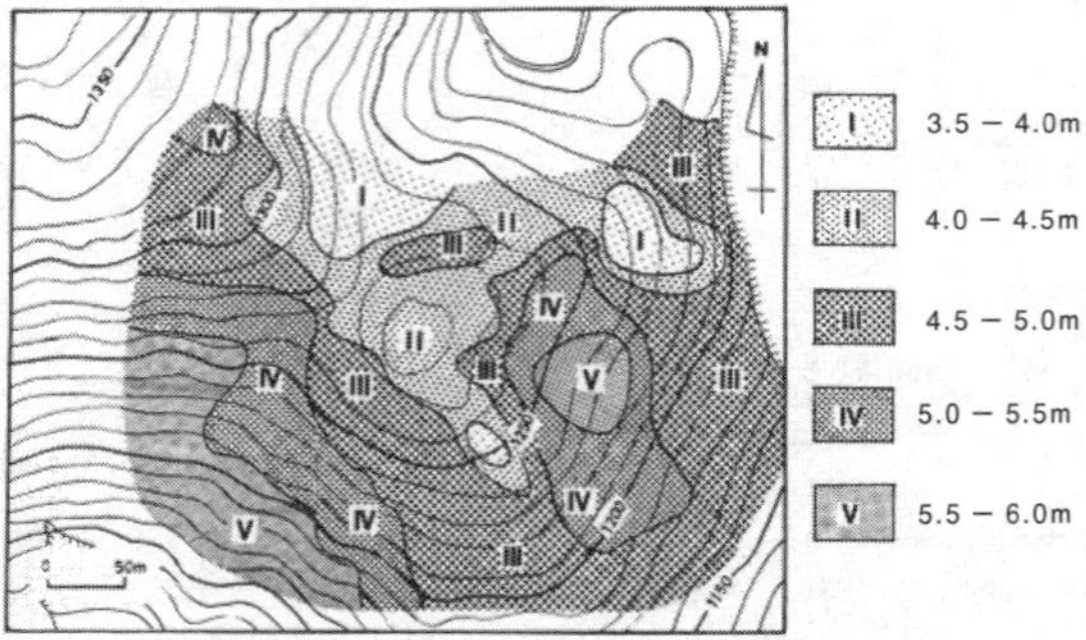

コケの消えている位置が雪の深さ。

2種のコケを使ってブナからはがされた位置を計測し、積雪の深さを調査。左がチャボスズゴケ、右がリスゴケ。

7）が発達している。このように見ていくと、それらの広がりは植生ともよく対応関係にあることがわかる。土壌の形成には地形と関係した土中の水分環境が大きく関係すると考えられ、そのひとつの要因が積雪の量である。また、植物群落の形成にも積雪が関係していると考えられる。

コケを使って積雪の深さを測る

ここのブナ林の中には観測施設はない。そのため植生と積雪の関係を調べるために、生物指標を使うことを考えた。ブナの樹幹に着生する2種のコケ植物、チャボスズゴケとリスゴケを用いて積雪深の極値を推定することにしたのである。積雪はその重みで沈降する時に幹に着生したものをはぎとる性質がある。つまり、幹に着生したコケがはぎとられる性質を応用したのである。はぎとられずにコケが残っているところが積雪の極値であり、その上部のはぎとられた高さは雪の上ということになる。この方法で、調査区内に生育するブナ1本1本でその高さを計測し、積雪深分布図を作成した。

その計測結果〈**図3**〉によれば、積雪は北斜面から尾根部で浅く、南斜面で多い。それも斜面を下がるにしたがって深さは増し、吹き溜まりになっている。

これら、植生図、土壌図、積雪分布図の結果を重ねてみると、西の痩せ尾根や尾根上の立地では乾性土壌が分布していたが、そこでは積雪が少なく、長期間に渡り乾燥環境が続く。

南斜面では適潤な植生と土壌、深い積雪深の分布があった。

このように、この調査地では植生と土壌、そして、積雪深との関係が見られ、植物群落と環境との一断面を知ることができた。

高山帯にあるお花畑

ブナ林より高海抜地の亜高山と高山帯では雪の多い北陸地方特有の植生分布が見られる。

海抜1700〜2300メートルの亜高山帯は、高山帯ほど風が強くない。そこでの植物群落を見ると、風上側に位置する石川県側では相対的に積雪が少なく、尾根筋などにアオモリトドマツ林が発達している。しかし、雪が吹き溜まる場所

ミヤマハンノキ

コケモモ

にはダケカンバ林やミヤマハンノキ低木林が広がっている。そして、その中間的な場所には両種の混じった林が形成されている。

海抜２３００メートル以上の高山帯では尾根から斜面上部を中心にハイマツが優占する地域が多い。その群落の中にはハクサンシャクナゲやコケモモが生育することが多い。一方雪が遅くまで残る平坦地や凹地ではハクサンイチゲ、ハクサンフウロ、ハクサンコザクラなどの草本が色とりどりの花が咲くお花畑を作り、夏の登山客を楽しませる。最も風が強く土壌の少ない場所にはガンコウラン、アオノツガザクラ、チングルマなどの矮小低木が群落を作る。

白山の災害と人々の備え

現在の白山は休火山であるが、約３００〜４００年ごとに噴火したと言われ、最後に残る噴火の記録は江戸時代初期の１６５９年という。それから３５０年近くが経っている。そろそろ噴火してもおかしくない時期に入っているようである

アオノツガザクラ

ハクサンフウロ

が、活動しないことを望むばかりである。

白山の山麓には「かんこ踊り」という踊りがある。この踊りは元来、尾口村、市の瀬で生まれたものであるが、次第に流布して、今では白峰地域一円で歌い踊られるようになっている。この踊りには、カンコと呼ばれる蚊鑓火《かやりび》を胸に吊り下げて羯鼓《かっこ》（カンコと通称する締太鼓）を打ち鳴らして踊ることから名付けられたという説と、白山開祖の泰澄大師が山頂での修行を終えて下山の途中に、これを迎えた村人が歓喜の踊りを舞ったことから神迎《かんこ》という説とがある。かんこ踊りを踊るのは白山開山の日とされる7月17日や八十八夜の祭りなどで、市ノ瀬の集落が山崩れで消滅してからは、さらに下流の白峰で歌い継がれている。宝暦10（1760）年に江戸時代の画家、池大雅が白山登山の際に24文を払って見物したという記録が残っている。

かんこ踊りの歌詞の3番には「河内の奥に煙が見える。いねやでて見や霞か霧か、御前の山が焼けるのか、御前の焼けの煙とあらば、ののが手を引け　なんぼをおぶせ　そして、おんじの裏山へ」というのがある。これは、「お山（白山）が噴火したら、子供を背負い、おじいさんの手を引いて裏山へ逃げろ」という意味である。民謡の中に白山が噴火した時の対応が、このような教訓として歌い込まれているのである。素晴らしい知恵と思う。

✈行き方…ＪＲ北陸新幹線 東京駅→金沢駅→車（約90分）→白山白川郷ホワイトロード中宮料金所

第6章　四国・中国の森

地史の背景を色濃く残す植物たち「石鎚山《いしづちさん》の森」

日本七霊山のひとつ

石鎚山（１９８２メートル）は、四国の屋根とも言われる山々の総称で、最高峰の主峰「天狗岳」をはじめ、弥山、瓶ヶ森、伊予富士などからなる。鳥取の大山、紀伊の大峰山、北陸の白山・立山、東海の富士山などと共に日本七霊山のひとつに数えられる名山である。言い伝えによると7世紀頃に役小角《えんのおづぬ》により開かれたとされる。

山頂へは中腹の成就社まではロープウェイがあるので楽に行くことができるが、成就社から石鎚神社参詣道には、鎖をたよりに登るような急な岩場が何ヶ所かある。一の鎖は27メートル、二の鎖は49メートル、三の鎖は62メートルの長さで、平均勾配は50度、最大勾配は70度ある。昔の修験者はこの鎖道を登ったのであろうが、一般の登山者が多くなった現在では、鎖道の脇に道があり、山頂への登山は遥かに楽になった。私は一度、この鎖道に挑戦したことがあるが、垂直な急な岩場では手の力、足の力が要求され、なかなかのスリルであった。

石鎚山は、昭和30（１９５５）年には石鎚山を中心に「石鎚国定公園」に指定され、平成2（１９９０）年には、林野庁の「石槌山系森林生態系保護地域」に指定されている。

面河渓《おもごけい》からの路で植物観察

この山の北の山麓には面河渓がある。白い岩肌にエメラルドグリーンの透明な清流、そして渓谷林、川の源流部には「日本の滝100選」に選ばれた名滝「御来光《ごらいこう》の滝」がある。その美しさから、この面河渓一帯は昭和8（1933）年に国の史蹟、天然記念物の「名勝」に指定されている。石鎚山への登山の前に、この面河渓で一泊し、低海抜地の自然を観察してから登山をすると、様々な植物群落や太平洋側の代表的な植生分布を見ることができる。

この面河渓から石鎚山へ行くには「石鎚スカイライン」がある。この道路は石鎚山の南側を走り、土小屋遙拝殿《つちごやようはいでん》まで続く。建設当初は有料道路であったが、平成7（1995）年に無料開放された。途中にある長尾尾根展望所からは石鎚山と御来光の滝を眺めることができる。石鎚山への主な登山口となっている土小屋には宿泊施設としての国民宿舎があり、無料駐車場もある。

石鎚山の植物分布

面河渓から石鎚山山頂までの垂直分布帯を見てみよう。面河渓付近は海抜700メートル、石鎚山頂は1982メートルである。この地域での自然林の分布幅は標高差1300メートルとなる。

面河渓の渓流沿いの海抜700メートルくらいまではウラジロガシが多くある常緑広葉樹帯で、高木のウラジロガシ林の中にはシキミ、サカキ、ヒサカキ、ソヨゴ、アセビ、ヤブツバキなど常緑広葉樹林の植物が多く見られる。

海抜700~850メートルにかけてはモミ、ツガ林、コウヤマキ林、ヒノキ林など針葉樹林が発達している。モミ、ツガ林は面河渓の斜面に残っていて、ここではツガが優勢であり、樹高35メートルを超す高木林もある。この林はウラジロガシの常緑広葉樹林帯と、その上にあるブナ林の落葉広葉樹林帯の間に挟まった格好で分布している。

海抜850~1750メートルは落葉広葉樹林帯であり、約1000メートルにも及ぶ広い樹林帯を形成している。

海抜1400メートル以上はブナ林だけに覆われているが、ブナ林の中には常緑針葉樹のウラジロモミを交えることが多い。

さらに海抜が上がるとブナはあまり見られなくなり、ササ原に続いていく。石鎚山の海抜1400メートル以上の東西

ヤブツバキ

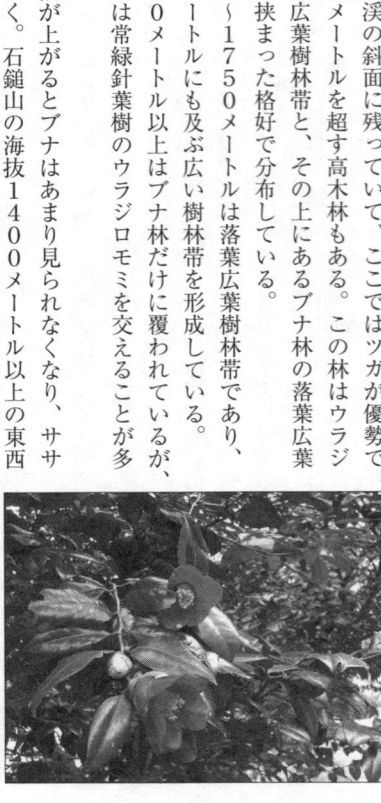

に延びる稜線の北側には、ダケカンバが多く見られ、樹高20メートル以下の純林を作る。その林床はイシヅチザサで覆われている。石鎚山系では、昭和40〜41（1965〜1966）年にササが枯渇した。ササがなくなり明るい空間になったその跡に、風散布で明るい環境を好むダケカンバが生えたのである。この林は、面河登山道の愛大小屋周辺、岩黒山北面そして手箱山の山頂近くなどで見ることができる。

ブルム氷期や大陸がつながっていた古代の名残り

石鎚山一帯には合計1173種（変種、品種を含む）の植物が生育しているという。石鎚山系の森林構成は本州中部の針葉樹林との共通性、さらには北半球に広がる北方針葉樹林との共通性を持っており、地史レベルの歴史的な背景を色濃く残している森林である。

山頂付近の絶壁には東京の三頭山の大滝でも見られた、遺伝的に古い形質を持つ常緑樹のヤマグルマが岩にへばりついて生育している。その他にも石槌山系の固有種や四国だけに育つ種が多く見られる。

石鎚山の山頂部の南西斜面を中心にシコクシラベ林が分布している。シコクシラベは約2万年前の氷河期の中でも、最も寒い時期と言われるブルム氷期の頃に南下したシラベが、その後の温暖化で四国の山岳部に取り残されて分化（進化）したものと言われている。シラベに近いが球果が少し小さいことでシラベの変種として位置付けられており、「氷河期の遺存植物」である。

広い面積を占めるブナ林、ウラジロモミ林などでは、その構成種の中にシコクシラベが分化した洪積世よりもさらに古い時代、第三紀に日本に生育していた「襲速紀（ソハヤキ）要素」と呼ばれる植物を多く含んでいる。それは日本が大陸とつながっていたことを示す、大陸に近縁な種を持つトガサワラ、ヒメシャラ、コハクウンボク、ツクシシャクナゲなど、九州、四国、紀伊半島までの太平洋側に限って分布する植物である。

このように、石鎚山の植生分布はそれぞれ時代を異にした植物から構成されていることにも注目したい。それらの森林帯は同じ時期に形成されたものではなく、異なる歴史的背景を背負っているのである。

✈行き方：羽田空港→松山空港→バス→JR松山駅→JR伊予西条駅→車→ロープウェイ下谷駅→ロープウェイ成就駅→成就社→頂上社→土小屋遙拝殿

宝立山にもヤマグルマが見られる。

キャップのように残ったブナ林「高輪山《たかなわさん》の森」

スギ林にぽっかり残るブナ林

高縄山（海抜986メートル）は北四国の瀬戸内海に突き出た高縄半島にあり、地理的には愛媛県北条市の東部に位置している。高縄山の山頂よりやや手前に真言宗の名刹、霊場である高縄寺がある。この寺の境内には大きなしだれ桜の老木があり、また、主幹の途中から数十本枝分かれしている千手杉が有名である。この千手杉から約300メートル行ったところに七本杉をはじめとするスギの巨木が並び、ブナ自然林へとつながっている。

山頂には、展望台を兼ねた無線中継施設が建つ。ここからの眺めは壮大で、道前道後の平野、瀬戸内海の島々が眼下に開けるパノラマを見ることができる。展望台から眺めると、スギ植林地の中で高縄寺の周囲にだけブナを中心とする落葉広葉樹の森林がぽっかりと残っている。そこは過去の自然の森の広がりを知るために極めて重要な場所である。

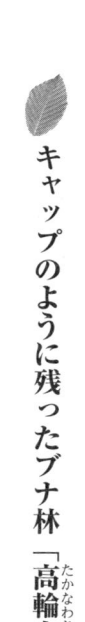

高縄山は四国山地から離れて、独立した位置にある。高縄半島の中央部に位置する最高峰は東三方ヶ森であるが、海抜は1233メートルしかなく、四国山地よりもはるかに低い。

一般に四国ではブナ林の分布は900メートル以上であることから、高縄半島のブナ林は山頂部にキャップ状に分布するだけである。春の芽吹きの頃や紅葉の季節など、周りのスギがまったく変化がない中で、ここだけがいろいろな色の違いがあって美しい。高縄山の過去の自然林の姿を知ることのできる唯一の森林として、大事に保護したいものである。

他のブナ林とは異なる特徴

高輪山は、年降水量の少ない瀬戸内気候区に位置しており、四国山地とは異なる条件にある。ブナ林は海抜880メートル以上の約100メートルの間に分布している。高木層はブナが多いがアカシデを多く含み、モミを交える。亜高木層にはコハウチワカエデ、シラキなど、石鎚山と共通する種で構成されている。低木層はコゴメウツギ、コガクウツギなどの落葉低木とイヌツゲ、ミヤマシキミなど常緑低木からなるが、圧倒的に落葉低木が多い。しかも、これらの低木は、より低いところにあるコナラ二次林にも一般的に生育する種である。

このブナ林と石鎚山のブナ林を比べると、石鎚山によく見られるウラジロモミ、ナツツバキ、ヒメシャラ、リョウブ、イシヅチザサなどを欠いている。同じ高縄半島のブナ林でも奈良原山や皿が峰などのブナ林では低木層にスズタケが多いのに比べ、ササ類を欠くことも特徴のひとつだ。これらの性質からわかるように、高縄山のブナ林は低地型のブナ林なのある。

✈行き方…羽田空港→松山空港→バス→JR予讃線 松山駅→伊予北条駅→バス→神田橋 バス停→東頭神社→高輪山登山口

国宝の背後に広がる原生林「宮島弥山《みせん》の森」

朱の大鳥居と原生林の調和

広島駅からJR山陽本線で宮島口あるいは、広島駅から駅路面電車で広電宮島へ。そこから観光船に乗り、約10分で宮島に着く。

島は周囲約30キロメートル、面積30・2平方キロメートルで楕円形をなし、北東から南西に延びている対岸と島を隔てる海峡は「大野瀬戸」と呼ばれ、最も狭いところで300メートルしか離れていない。島は中国山地の断層運動によって隆起し、氷河期末期の海面上昇により本州と離れた島になったと考えられている。その地質はほとんどが花崗岩である。気候的には瀬戸内海気候域に分類され、降水量は少ない。

宮島から対岸を望む。

厳島《いつくしま》神社は、平安時代末期に平清盛が厚く庇護したことで大きく発展した。現在、本殿、幣殿、拝殿、祓殿、廻廊（いずれも国宝）などの他、主要な建造物はすべて国宝または国の重要文化財に指定されている。皇族・貴族や武将、商人たちが奉納した美術工芸品・武具類にも貴重なものが多く、中でも清盛が奉納した「平家納経」は、平家の栄華を天下に示すものとして豪華絢爛たる装飾が施されており、日本美術史上特筆すべき作品のひとつとされる。

神社の建物の前の海上に浮かぶ朱の大鳥居は、水にも強いクスノキで作られており、戦前に台湾から運ばれたものという。近くで見ると、下部が太く、上部が急に細い形で、天然木とすぐにわかる。大きくてもコンクリート製の鳥居が多い現在、自然木の鳥居は大変珍しい。この神社の歴史と威厳を感じさせる構造物である。

宮島は厳島神社とその背後に広がる原生林との風景的な調和が素晴らしい。島の象徴でもある厳島神社は、平安時代に、時の権力者の平清盛により造営され、1168年までには竜宮城を思わせる壮麗な現在の姿の社殿群が形成されたとされている。周辺海域を含む島の全域が昭和9（1934）年に瀬戸内海国立公園に編入され、特別保護区域となっている。昭和27（1952）年には国の特別史跡及び特別名勝に指定され、弥山の原始林は国の天然記念物に指定されている。

また、平成8（1996）年には、厳島神社および弥山の森を含む島の約14%がユネスコの世界文化遺産に登録されている。

多種の植物が混生する弥山自然林

この島の最高峰・弥山（535メートル）一帯には自然林が残されており、そこは通称「弥山原生林」と呼ばれている。昔から保護されてきただけあり、比較的大きな面積で自然性の常緑樹の林が残っている。また、この島の林は、植物の分布から見ても面白い。南方系と北方系の植物が混在しているのが特徴で、南方系の植物では、タイミンタチバナ、ヤマモガシ、コバンモチ、カンコノキなど。また北方系（ブナ帯などの温帯系）のヤマボウシも見られる。針葉樹のモミ、ツガ、コウヤマキも分布しているが、海岸線にまでモミが見られ、その下にタイミンタチバナが生育するのは宮島でしか見られない、極めてユニークな森林タイプである。そして、本土側に多いコナラ、アベマキ、クヌギなどの落葉性のナラ類とササ類がないのも特徴のひとつである。

弥山に生育する種は高木層にはモミ、ツガが多く、それにウラジロガシ、アカガシ、ツクバネガシなどの常緑樹種が混生している。しかし、他の地域で見られるようにスダジイやタブノキなどの単一の樹種が多くを占める森林ではない。亜高木層にはサカキ、シキミ、ヤブツバキ、アセビなどの常緑樹が多いが、低木層以下の発達は悪く、ミヤマシキミ、ウラジロなどが見られる程度である。いろいろな樹種から構成されている森林、それが弥山原生林の特徴である。

かつてアカマツ林が発達した理由

島全体から見ると、弥山の山頂部で見られた常緑広葉樹林の発達は、宮島では極めて限られた地域で、島の大部分は、かつてはアカマツ林によって覆われていた。なぜ、それほどアカマツ林が発達していたのだろうか。

この島は花崗岩からなる山である。花崗岩が風化したものは「まさ」と呼ばれ、粘土質が乏しい土である。そのため、保水力が悪く、貧栄養である。花崗岩の風化物は雨に洗われると、簡単に流れ去る。しかも、年間降水量の少ない瀬戸内気候の中にあり、乾燥しやすい環境にある。

このような自然の環境条件に加えて、この島は何度も火災に見舞われている。劣悪な立地に時間をかけて、自然の力で森林化が進んでいたところに、火災によって、森林が消失し、また振り出しに戻る。そのような環境は常緑広葉樹種よりも、アカマツにとって適した生育場所なのである。明るい場所を好み、乾燥と貧栄養に耐性のあるアカマツにとっては、そのような環境は悪い立地ではない。宮島の地理的位置から見て、土壌が良ければアカマツ林ではなく、スダジイ、コジイ、タブノキなどの常緑広葉樹の森林が発達するはずである。しかし、常緑の樹種は多く生育するものの、鬱蒼とした常緑の森林を形成するところはない。やはり、これらの環境要因が常緑広葉樹の発達を制限しているのであろう。

宮島のアカマツ林の衰退

かつて、宮島にはアカマツが多く、島の風景の代表になっていたが、今では、少なくなってきた。しかも大きなアカマツやクロマツは限られた場所にしかない。

いつ頃からアカマツ林の衰退が始まったのであろうか。宮島のマツが枯れはじめた歴史はかなり古い。当初は、島の対岸の瀬戸内工業地帯の一角をなす大竹地域から発生した大気汚染が原因ではないかと考えられた。その後、マツノマダラカミキリが運搬するマツノザイセンチュウによる被害であることが確かめられ、マツノマダラカミキリを殺す目的で、飛行機を使って、多量の薬剤が散布された。しかし、その間も次々とアカマツは枯死していった。枯れたマツは伐採して運び出し、焼却することが望ましい。そこで搬出作業のためにブルトーザーが林内に持ち込まれ、至るところに「ブル道」を造り搬出されたため、表土が裸地化してしまった。数ミリにも満たないマツノザイセンチュウが何百ヘクタールという宮島の自然を破壊してしまったのである。

復元の途中にある宮島の森

今の宮島の森は、自然の力による復元の途中ということになる。アカマツのなくなった地域には、10メートル以下の樹高にしかならない、様々な樹種からなる疎林が形成されている。

ウラジロ、コシダなどのシダ植物が各地で密生し、その中にぽつん、ぽつんとネジキ、ソヨゴ、アラカシのような亜高木性の樹種の生育が見られる。

この場所が、往時のような森林となるには、立地環境から考えると気の遠くなるような時間が必要である。大木となることのできる樹種が生育していないことから、すぐには樹高のある森林を形成できる状況にはない。低木から亜高木性の樹種を主体に森林が形成された中途半端な森林の状態に留まっているのが、この島の大部分を占めるかつてのアカマツ林分布地の現状である。

宮島を訪れる観光客の90％以上は、厳島神社とその周辺を見て帰るという。もう少し足を伸ばして弥山まで登ってみてはどうだろう。弥山への登山道はいくつかあり、紅葉谷公園と真言宗御室派の大本山の滝山大聖院が登山口として一般的である。紅葉谷川上流に沿って山頂へ登る山道は、古くから修験者

弥山への登山口がある
紅葉谷公園の紅葉も美しい。

ハスノハカズラ

や行者らの修行道として使われてきた道で、かなり険しい。ただし今ではロープウェイで、弥山の頂上付近まで楽に行くことができる。紅葉谷と弥山をつなぐ距離は１・７キロメートル。獅子岩展望台駅から山頂までは徒歩で約20分の距離である。

✈行き方…羽田空港↓広島空港↓バス↓ＪＲ広島駅↓ＪＲ山陽本線　宮島口↓厳島神社↓紅葉谷公園↓弥山登山道紅葉谷コース↓山頂

アカマツの枯死した跡の森の姿。

尾根に湿ったブナ林がある驚きの森「臥竜山《がりゅうさん》の森」

のどかな里山が取り巻く

臥竜山（１２２３・４メートル）は広島県北部の中国山地の一角に位置する。中国地方に広がる準平原である「吉備高原面」の中に、突出した山容を見せる山がこの臥竜山である。この地域は八幡高原と呼ばれるが、臥竜山はその中心に位置し、北東に延びる尾根で掛頭山《かけずやま》へと続いている。

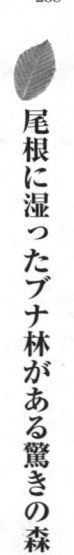

この山は昔は刈尾山と呼ばれていたが、その山の形が龍が伏せっているように見えることから、古事記の大蛇退治の村の伝説にちなみ、昭和22（１９５７）年に「臥竜山」と改められた。

臥竜山一帯の地質は古く、今から約1億４５００万年前から６６００万年前の白亜紀に形成された流紋岩、花崗岩類からなる。この歴史の古さから浸食が進んだ「吉備高原面」と呼ばれる準平原の中にこの山が残ることになったものである。この山は昭和30年代までは全山がブナの巨木に覆われていたが、昭和40年代に東面と南面の森林が伐採され、その跡にスギの植林が行われた。西面の森は伐採されず、自然休養林に指定されたことで、昔からあった立派なブナ林が残されている。この山は昭和44（1969）年に指定された西中国山地国定公園の中に含まれている。

今から40年以上前、私が調査に広島市から通っていた頃は、八幡高原内には水田が広がり、千木を載せた茅葺き屋根の家が点在していた。この地域はなによりも春が美しい。淡い緑のコナラ、深緑のアカマツ、スギが、田植えを待ち水を張った水田を取り巻き、その姿を水の面《おも》に映す。そこには桃源郷とも言えるような、昔ながらの里山の風景があった。そして、のどかで静かなたたずまいの中に人々の生活があった。今はどうなっているであろうか。

臥竜山の林道を歩く

その風景の中に私が定宿としていた小さな旅館「よもぎ旅館」があった。今も営業しているかどうか不明であるが、そこは八幡集落にある唯一の旅館だった。そこで食べた「ヨモギのてんぷら」と「シメサバ」の味が忘れられない。春の若葉の「ヨモギのてんぷら」は柔らかく、ちょっとだけ苦みがあり、とても美味しかった。また、「シメサバ」は見た目は何の変哲もないのだが、口に含むとどこか味が違う。おかみさんに聞いてみると、塩鯖を洗って、カキの葉と一緒に水に漬け、カキ渋で塩を抜いたのだという。その後、酢に漬けてシメサバにする。それを薄く切って刺身として食べるのである。新鮮な魚が手に入らなかった、海から遠く離れたこの地域での昔からの知恵である。

臥竜山の山頂直下までは林道があり、登山は極めて容易である。臥竜山の山麓一帯は人々が生活してきた場所であるため、ミズナラの二次林に変わっている。

ブナ林のある山頂部に通じる道はあまり車が通ることがない。ブナ林を調査に行く途中、何度かマムシが林道に長く寝そべっているのに出遭った。人を知らないのか、近付いてもいっこうに動く気配がない。死んでいるのかと思って棒で突くと、仕方ないなーという感じでのろのろと動き出し逃げていく。なんとものどかな時間であった。林道の終点には年間とぎれることのない「延命水」と呼ばれる湧き水がある。これがとてもうまい。

山頂にシダが育つ湿ったブナ林

臥竜山の山頂近くの尾根部にはところどころに天然のスギを交えるりっぱなブナ自然林が分布している。ブナ林の中を歩き回りながら調査を進めていくと、面白い現象に気付いた。それはオシダ、リョウメンシダ、ジュウモンジシダなど湿潤な谷に分布する植物が平坦な尾根に密生し、ブナ林の下層を埋め尽くして生育しているのである。

一般に、尾根では降雨や土砂は流れ去りやすく土壌は乾燥しやすい。当然のことながら、そこには乾燥する立地に分布する植物群落が発達する。その植物群落の中には、ツツジ科植物が多い。ところがここでは谷に生育することの多い湿地の植物が尾根に生育しているのだからびっくりである。では山頂部にツツジ科植物を含む植物群落がまったく見られないのかというとそうでもない。凸地形の尾根部にはちゃんと見られる。しかし、山頂部から北斜面の平坦な尾根から緩斜面にかけての大部分の地域がこのシダ植物が生育する湿性型ブナ林なのである。なぜだろうか。

平尾根効果の発見

この地域は年間200日も雨が降ると言われ、さらに、雪は2メートル以上積もる。年間を通して霧がかかることが多い。このため、ブナ林の残る山頂部は長期間に渡って乾くことがない。ここでは水を保ち続けるシステムがあると考えた。平坦な山頂部とそれに続く緩斜面では水の移動が緩慢である。さらにそこの土壌は「黒ボク土」と呼ばれる火山灰起源の土壌で、断面は隙間が多く、通気性、保水性の良い土が乗っている。その土層の下には本来この山の地質である砂岩の風化物が存在し、火山灰とその風化物の間に不透水層が形成され、下層への水の移動が遮断されている。このようないくつもの条件が重なり合った結果、本来は乾燥しやすい立地にあるに

千木を載せた茅葺き屋根の家と水田がある、臥龍山ののどかな風景。

も関わらず、湿潤な環境が続き、湿性立地の植物が生育することになったのである。

このような湿性型のブナ林の分布を現地調査、文献で探してみると、中国山地の冠山、大佐山、女亀山、比婆山など中国地方には点々と見られることがわかった。さらに、目を転じると、九州の脊梁山地の白鳥山、四国の天狗高原、関東の富士山南麓、丹沢、三頭山、東北北上山地の黒森などにも同じような現象が見られ、そのタイプの群落分布地はすべて平らな尾根地形の立地であり、火山灰土壌の発達した場所である。

当然、この現象は、火山灰土壌の分布しない外国のブナ林ではまったく見られない。どうも、そのような立地ではササの生育にも不適なようである。他の地域の山岳でも同様で、ササは生育しておらず、シダ植物か広葉草本がそれに代わっている。

広く日本各地のブナ林に見られるササは生育せず、シダ植物などが多いこの現象は気候、地形、土壌の密接な関係から出現したものである。私達はこの現象を「平尾根効果」と命名し、『日本林学会誌』（1995年）に発表した。

✈行き方…羽田空港→広島空港→バス→JR広島駅→バス→八幡原 バス停→千町原登山口→臥竜山麓八幡原公園

古代の歴史を秘めた島根半島の森「出雲大社の森」

平成の大遷宮が完了

島根半島に位置するこの地域は、古代文化の一大中心地だったところである。出雲大社はその核をなす古社で、出雲の国を造ったとされる大国主大神《おおくにぬしのみこと》を祀る。平成12（２０００）年には、拝殿付近の発掘調査によって、古代の神殿のものと思われる巨大な柱が発見された。『出雲国風土記』『日本書紀』に巨大な神殿と記され、社伝にも、最古の御本殿は高さ「三十二丈（約１００メートル）」で、その後「十六丈（約50メートル）」になったと記される。その伝承の神殿のものと見られる柱が発掘されたのである。このことで、神話が急に現実になった。そのニュースはテレビなどで大きく取り上げられたので、記憶されている読者も多いと思う。

国宝である現在の御本殿は江戸時代の延享元（１７４４）年に造営され、これまで3度の遷宮が行われてきたが、平成20（２００８）年から60年ぶりの「平成の大遷宮」が行われた。平成28（２０１６）年3月に境内境外のすべての社殿の修造遷宮が完了している。

スダジイ林にモミが飛び出している

この大社の位置する出雲平野は大きく見ると、かつては島であった島根半島と南の中国山地の間に位置した「宍道地溝帯」と呼ばれる地域で、海水の流れたかつての海峡の位置にある。その中で、大社は西に海、北に小高い丘を持つ場所に位置している。その標高も低いことから、昔は海によって洗われていた場所であろうことは想像に難くない。社殿の正面にはクロマツの参道が続いている。この参道の真ん中は神様が通る場所で、参拝者は参道の端を歩くのが習わしという。

出雲大社の背後には社叢として素晴らしいスダジイ林がある。森林は境内の裏山、山腹凸部のやや乾燥する急斜面にあって、スダシイ林の中からモミが飛び出して生育している。林内にはアラカシも多く、低木のシャシャンボ、ヤマフジが混生した、やや乾性の森である。

境界域になっている島根半島

日本の常緑広葉樹林は太平洋側と日本海側を海に沿って北上する。日本海側では、日本海に突出している島根半島はそのひとつの分布境界域になっている。アラカシは常緑広葉樹林分布域の中では冬季に乾燥する気候、または、乾燥する土壌環境に適した性質が強く、中部九州から瀬戸内海沿岸に分布の中心を持つ種である。東京都や千葉県などでは丘陵地帯に分布する。日本海を北上したものは益田地方で自生しているが、東に向かい日本海型気候が強くなり、積雪が多くなると消えてしまう。島根半島の中部、東部ではすでにこの種を見ることはできない。おそらく出雲大社付近がアラカシの東限の自生地と考えられる。九州の海岸地域のスダジイ林に比較的よく見られるタイミンタチバナという常緑樹種は、浜田市あたりまで分布するが、もう島根半島には分布しない。また、ハマビワ林やモミ・アラカシ林は半島の西で分布が止まっている。

　ここの森に生育する多くの植物を含む社叢は同じ半島西部の日御碕《ひのみさき》に分布するハマビワ林と共に常緑広葉樹の自然林（極相林）として貴重なものである。この森は、許可を得ないとその中に入ることはできないが、神社の社叢は境内の各方向から観察することはできる。最近、ずいぶんと久しぶりにここを訪れた。40年以上の時が流れたにも関わらず、社叢の姿に変化はなかった。ゆっくりした時間の流れを感じ、なぜか、ほっとした。

✈行き方…羽田空港→出雲縁結び空港→バス→ＪＲ出雲駅→バス（約25分）→出雲大社 バス停

出雲大社で鬱蒼と繁るスダジイ林。

海に面した常緑の自然林が珍しい「美保関の森」

2棟を並べた「美保造り」

ここで紹介する美保神社は島根半島東部の先端部に位置する古い歴史を持つ神社である。美保神社は大社造りを2棟並べて装束の間でつないだ「美保造り」と呼ばれている本殿を持つ独特の建築様式で、国の重要文化財に指定されている。現在の本殿は文化10（1813）年の造営である。

この神社はえびす神としての商売繁盛の神徳のほか、漁業・海運の神、田の虫除けの神として古くから信仰を集めてきた。また、恵比寿様は「鳴り物」が好きであったとの伝承から古くから楽器の奉納が多く、その内の846点が国の重要文化財に指定されている。

この島根半島には新第三紀中新世（約2300万年前から約500万年前）の火山岩類及び堆積岩類が広く分布している。この地層は、日本海形成期に海底及び海岸付近で形成されたもので、「グリーンタフ」と呼ばれる。このグリーンタフの広がる地帯には海底火山活動で形成された鉱床があり、島根半島の鰐淵《わにぶち》鉱山、大田市の石見《いわみ》鉱山に代表されるように鉱山があることが知られている。

その他、島根半島の特徴と言えば、西方から冬季季節風の影響を強く受ける場所である一方で、対馬暖流の影響が海岸線に沿って半島最東端の美保関まで及ぶことが挙げられる。
現在、出雲大社から日御碕《ひのみさき》、美保関から地蔵崎に至る海岸線一帯は、大山隠岐国立公園の中に含まれている。

ウラジロガシ、カゴノキの謎

美保神社には自然の森が残っている。それはスダシイ、ウラジロガシを中心とする常緑の自然林である。この森の特徴は、ウラジロガシ、カゴノキの勢力が強く、スダジイ、モチノキの勢力が極端に弱いことである。半島の西、出雲半島の森林と比べるとそれは明瞭な違いである。

本来、ウラジロガシ、カゴノキは常緑広葉樹林帯の上限付近の、霧のかかりやすい立地に分布する種である。これらの木は、日本海側では北上するに従って勢力が強くなり、分布的にはスダジイ林よりもさらに高海抜地に分布するようになる。スダジイ、モチノキは日本海側の低地にも広く分布しているし、北陸地方の金沢では海抜50メートル以下の地域に分布している。それより上方ではウラジロガシ林に変わっている。それも同じ現象である。

古くからの物産集積地

この地は江戸中期以降、日本海各地の物産を運んだ「北前船」の西回り航路の物産集積地であり、風待ち港としても栄えた歴史を持つ。物資の積み下ろし作業のために、当時の舗装として青石畳が建設された。現在、それは古刹仏谷寺《ぶっこくじ》の正面から美保神社へと続く参道に「青石畳通り」として残っている。そこには江戸時代の終わりに創業したという醤油屋や古い木造旅館、民家などが立ち並んでいる。美保神社から、美保関漁港の西、丘陵の標高１００～１３０メートルの小高い丘に五本松が立っている。そのうちの１本が民謡「関の五本松節」の由来になったという。現在のマツは3代目というが、この場所に立つマツは、かつて港を出入りする漁船や日本海を行き交う船の目印だったそうである。ここは五本松公園として整備され、展望スペースになっており、展望台からは、北方に隠岐を眺めることもできる。

平成29（２０１７）年の春、40年ぶりにこの神社を訪れた。昔はもっと賑わっていた美保神社の周辺の街はとても静かで、平日であったからかもしれないが、あまり人を見かけなかった。ここも高齢者の多い地域になってしまったのか。しかし、神社を取り巻く森は元気で、木々が社殿を覆うまでに広がっていた。

✈行き方…羽田空港↓出雲空港↓バス↓ＪＲ松江駅↓バス↓美保関ターミナル　バス停↓バス乗換え↓美保神社　バス停

かぶら杉や乳房杉、オキシャクナゲを観察「隠岐《おき》の島の森」

100万年前頃に原型が作られた

一般に隠岐の島と呼ばれる隠岐諸島は、島根半島の北方約50キロメートルに位置し、4つの有人島と180余りの無人の小島、岩礁（衛星・群島）からなる。2つの地域に分けられ、本州に近い3つの有人島（西ノ島、中ノ島、知夫里島）が円周状に並ぶ地域を「島前」、その北東約10キロメートルに浮かぶ諸島最大（約242平方キロメートル）の丸い島を「島後」と呼ぶ。

この島々の起源となる地質は、朝鮮半島や中国東北部、北陸地方と同系統のアルカリ岩（隠岐片麻岩）であり、その中には、約30億年前の鉱物も含まれているという。この隠岐諸島は元は大陸の一部が切り離されて移動してきた島の塊であった。大陸から離れて、形成された日本海の中を移動し、今から1000万年前頃に隠岐諸島の原型が作られ、さらに50万年前からの火山活動の繰

隠岐の島の風景。

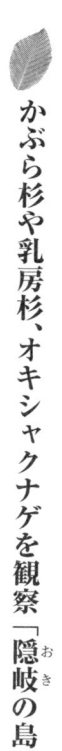

り返しで島の形が整えられたという。２万年前からの地殻の変動と浸食とで現在のような姿になり、１万年前の海面の上昇（海進）で完全に島根半島から離れた離島となった。隠岐諸島は様々な時期に形成された地質から構成され、地域的に異なる地質・地形景観を持つ特殊性から、平成21（２００９）年に日本ジオパークに認定され、平成25（２０１３）年には地域全体の地形や地質、生態系を守りながら活用することを目的としたユネスコの世界ジオパークに認定されている。また、島のほとんどは、それ以前の昭和38（１９６３）年に指定された大山隠岐国立公園内にある。

古代より本土と交流のある島

この４つの島には縄文早期や前期には人々が住み、本土と活発な交流があったことが石器や土器から知られている。また、古代には隠岐諸島を中心とする令制国である隠岐国が置かれていた。その国府は島後の西郷に置かれたというが、島前であったとの説もある。また、古くから遠流《おんる》の島として知られ、小野篁《おののたかむら》、後鳥羽《ごとば》上皇、後醍醐《ごだいご》天皇が流された。

平成22（２０１０）年の国勢調査によれば、隠岐郡全体の総人口は２１６５７人で、全人口の約半分が島後の西郷周辺とその近くを流れる八尾川《やびがわ》流域に生活している。島では特に漁業が盛んであるが、牧畜も各地で行われており、特に島前三島では島全体に放牧地が広がっている。また、隠岐の島特有の耕作方法として「牧畑《まきはた》」がある。これは、畑の耕作と放牧を組み合わせた独特の土地利用法で、４年を周期として、牛馬の放牧と、大豆・豆・大麦・小麦などの栽培を交互に行うというものである。牛馬の糞尿による自然施肥と、マメ科作物の栽培による窒素分の補給によって、施肥をしないで大麦・小麦などを作付けする方法である。

島前の自然

隠岐諸島の「島前」の３つの主島に取り囲まれた面積は約50平方キロメートルである。その範囲は最大水深55メートルの内海になっており、内海と外海は３つの水路と１つの運河（船引運河）でつながる。運河は大正３（１９１４）年に延長３３５メートル、幅３・５メートルで開通、昭和39（１９６４）年に幅12メートルに改修。主要な集落は内海に面して形成されている。中央に位置する焼火山《たくびやま》（４５２メートル）は島前の最高峰で、島前の３つの島はこの火山の外輪山である。焼火神社は焼火山の山頂近くにあり、社伝によれば一条天皇（９８６―１０１１年）の頃に創建され、後鳥羽上皇が隠岐に流された折に、

牧畑の風景。どっしりとした野生馬のような馬が見られる。

この神社の御神火に導かれて無事に島に辿り着くことができたという。このことから、以来、焼火神社と呼ばれるようになった。

また、江戸時代には3年間で1万枚のお守りが売れたという言い伝えがあるように、海上の守り神として崇敬を集めた。現在の神社の建物は一部が岩穴の中に入り込むように建設されている。そこには、老杉の巨木のほか、タクヒデンダ、トウテイランなどの植物が生育する。

周囲にはスダジイを中心とした常緑広葉樹林が広がり、焼火神社を中心とする4ヘクタールの地域は天然記念物「焼火神社神域植物群」に指定されている。

かぶら杉や乳房杉が見られる

「島後」は約20キロメートルの円形に近い、面積２４３・５平方キロメートルの島である。大満寺山《だいまんじさん》（６０８メートル）を主峰とする５００〜６００メートル級の山地が広い面積を占めるが、島の中央部には低地が広がる。

焼火神社。岩の中に入り込むように作られた社は迫力がある。

海岸周辺では段丘地形が発達している。断崖の続く海岸線が切れた場所では波食棚《はしょくだな》を伴う平坦な地形が広がり、集落が作られている。それらの集落は周囲を崖に囲まれているため、各集落をつなぐためのトンネルが20本以上ある。大願寺山にはかつてはカシやシイの直径１メートルを超える大木を含む常緑広葉樹林があったとされるが、伐採されて今はない。大願寺山の北側斜面（岩倉地区）の河川沿いには６本の幹を持つ「かぶら杉」や乳状の下垂根が見られる「乳房杉」と呼ばれる杉の大木が生育する。ちなみに、「乳房杉」は樹高38メートル、幹周囲が11・４メートルで、樹齢８００年と言われている。付近にはサワグルミ、オニグルミなどの樹木もよく生育し、そこにはオシダ、リョウメンシダ、ジュウモンジシダなどのシダ植物が多く見られる。

ここでは隠岐の島固有のオキシャクナゲを見ることもできる。オキシャクナゲは中部地方以西の本州と四国の山地に分布するホンシャクナゲの変種であり、ホンシャクナゲ

サワグルミの林

に比較すると葉が小さいのが特徴で、隠岐の島で分化したものである。

島の北東部の布施から川をさかのぼると鷲ヶ峰の斜面には屏風岩と呼ばれる柱状節理が見られ、少し足を伸ばせばトカゲの形をした「トカゲ岩」も見られる。その近くには樹高30メートル、直径1メートルを越す大きなスギ林が林立する地域もある。この林は300年前後の樹齢と推定される江戸時代の植林である。かぶら杉、乳房杉と共に島に残る貴重なスギとして大切にしたいものである。この地域の川沿いの平坦地などにはキエビネ（ラン科）が見られ、場所によっては早春にカタクリの花が咲く。また、海岸には北方系の海岸植物ハマナスも見られる。

✈行き方…羽田空港→大阪（伊丹）空港→隠岐ジオパーク空港（島後）

トカゲ岩

第7章　北海道の森

日本最古のブナ植林「ガルトネルの森」

ガルトネルの由来

函館から北西へ約1時間。七飯《ななえ》町の国道5号線沿いにガルトネルの森がある。この森の名にもなっている「ガルトネル」は、幕末の頃に箱館（この頃は箱館と表記されていた）ドイツ領事として来日していたガルトネルの名に由来している。歴史の本をひもとくと、概ね次のようなことであったという。

箱館（函館）は幕末の頃、長崎や横浜などと共に外国との窓口として開港していた。箱館にはアメリカ、イギリス、ロシアなどの領事館が置かれ、外国船が出入りしていたが、徳川幕府が崩壊すると、榎本武揚などの旧幕府軍は蝦夷地へ渡り「蝦夷共和国」を宣言する。しかし、結局は箱館で官軍と最後の戦争になった。戊辰戦争の最後の戦いである。箱館戦争は正式には1869年5月18日に終結したが、その混乱の中で、「R・ガルトネルの耕地租借事件」が起きた。榎本軍が箱館占領中に、箱館近郊に西洋式農場を開いたプロシァ（現在のドイツ）人のガルトネル兄弟（兄は箱館領事、弟は貿易商だった）が、箱館奉行との間に、「七重村開墾条約書」、つまり、七重、飯田、大川、中島の耕地300万坪の土地を99年間に渡って租借する、とする契約を締結していたのである。しかし榎本ら幕府軍は敗北、後に新政府になってから北海道と名前を変えたが、ガルトネルは「七重村開墾条約書」の有効性を主張。結局、明治政府がガルトネルに違約金６万２５００ドルを払って和解した、という事件である。

この時、弟のＲ・ガルトネルが、明治２〜３（１８６９〜70）年、面積約０・25ヘクタールの土地に、近在の山から掘り取ったブナの苗木を植栽した。これがガルトネルの森の始まりだった。つまりこの森は１５０年以上も前にブナの植林を行った、わが国で最初のケースとして全国でも稀な貴重な森なのである。このブナ林の周りには普通の畑が広がっているのだが、その中にひと塊の森があり、ちょっと異質な空間を作っている。この森は現在、林野庁の保護林「ガルトネル植物群落保護林」として保護管理されている。

発育が良すぎる日本初のブナの植林

この森のブナは昭和24（１９４９）年に０・２ヘクタールの間伐が行われ、平成３（１９９１）年には危険木処理として０・12ヘクタールが皆伐された。しかし、１年後の平成４（１９９２）年には新たに若干のブナが植栽された。このような管理を受けて平成10（１９９８）年には、全域に生育するブナ１４４本の樹高と直径（胸高直径）が計測された。その内の最大のものは、樹高35メートル、直径70センチであったという。平均樹高は22・４メートルである。中には、小さな値の個体もあるが、それは平成4年に補植されたものである。また、生育個体の平均直径は33センチであったという。150年で30センチメートルは、本州日本海側地域と比べると、肥大成長がやや生育が劣っているように感じられる。しかし、現地で観察すると、直径は小さいが樹高は高い。イランのカスピ海沿岸や、コーカサスなどに分布するオリエントブナの中に50メートルくらいの樹高のブナもあるので、外国のブナではそれほど珍しいことではないが、わが国の山地ではほとんどのブナが20メートル以下の樹高で、樹高30メートルに達することは稀である。ガルトネルのブナ林は、畑が作れるような良好な立地に、作物のようにブナが植えられたのであるから生長の良いことは推定できるが、100年あまりでこれだけの大きなブナに生長するのは、いささか異常である。

まっすぐでつるつるのブナの謎

さらに言えば、まっすぐ伸びたブナの幹は灰色でつるつるしており、ブナの幹に普通に見られるコケや地衣類（樹皮や岩石に着生する菌類と藻類の共生した植物）が着いてない。これも異常である。世界には12種類のブナ属に属するブナの種が分布しているが、どこのブナでもブナの樹皮は地衣類が着いて、いろいろな模様ができているのが普通である。

ガルトネルのブナは、なぜこのような状態になっているのであろうか。排気ガス対策が進んでいなかった昭和40年代後半を中心に、空気汚染によって古い石碑や墓石に着生していた地衣類（ウメノキゴケ）が消えたことが問題になった時期があった。それとの関連性を唱える人もいたようである。しかし、この森は、近くを道路が通っているといっても都会の交通ラッシュのような環境にはない。従って、実際には排気ガスの影響は考えにくい。なにかそれ以外の要因ではあろうが、理由はわからない。

森に育つ植物も特殊

ここではブナ林の種類構成も近くに分布する自然のブナ林とはまた違っている。この森を構成する樹種を調べた平成３（１９９１）年の調査結果では、ミズナラ、ヤマウルシ、ミズキ、チシマザサ、ツタウルシなど、ブナ林に生育する植物も含んでいるが、クリ、ケヤキ、ハルニレ、コブシ、ムラサキシキブなどブナ林よりも低地に分布する植物も生育していた。反対に、ハウチワカエデ、ミネカエデ、チシマザサ、エゾユズリハなど本来のブナ林にある植物が欠落している。また、ミツバ、アキタブキ、オオバコ、ハエドクソウなどの、人が荒らした湿性の場所に生育する植物が多く生育している。

この場所の立地は扇状地の中にある平坦地である。そして、土壌は湿潤土壌とされる褐色森林土のＢｆ型である。ハルニレ、ケヤキなどが生育していることをあわせて考えると、ここは本来のブナ林の立地ではなく、開墾以前は、むしろ、ハルニレの湿性林が発達していたと考えるほうが自然である。やや湿性の立地を好むブナにとっては好ましい条件であり、その良い環境でのびのびと育ったのであろう。

しかし、あまり生長が良すぎるのは問題で、寿命はそう長くはないのではないかと心配である。動物でも恵まれすぎた環境の中に育った個体は、一般的に弱いことに通ずるのかもしれない。

このように、特殊な性質を持つガルトネルのブナ林であるが、わが国最古のブナ植林であることの意味は大きい。自然のブナ林とは性質が異なるとしても、その価値が低下するものではない。そして、少し足を伸ばせば、周辺部に自然のブナ林を見ることもできる。自然のブナ林と比べて何が違うのかをじっくり観察するのもよいだろう。

✈【行き方】…羽田空港→函館空港→バス→JRはこだてライナー 函館駅→七飯駅→七飯町歴史館の近くでガルトネルのブナ林も見ることができる。

ガルトネルの森は七飯町の周辺から大沼国定公園のあたりまで続いている。

青森のDNAを持つブナ林「奥尻島の森」

北海道最西端の島

奥尻島は北海道渡島半島の近く、日本海に浮かぶ東西11キロメートル、南北27キロメートル、面積１４２・９平方キロメートルの北海道最西端の島である。その大きさは全国で14番目の大きさで伊豆大島より大きく小豆島より小さい。北海道からの距離は対岸の瀬棚町《せたなちょう》から約42キロメートルである。島といっても奥尻空港と奥尻港があり、航空機やフェリーで北海道との連絡は密である。奥尻町の名前はアイヌ語「イクシュン・シリ」が由来で、「向こうの島」という意味である（アイヌ語の、「イク」は「向こう」、「シリ」は「島」）。それが「イク・シリ」と訛り、「オクシリ」に変化したのだという。遺跡の発掘から、この島には縄文時代早期の今から約８千年前には、すでに縄文人が移り住んでいたことがわかっている。

この島は新第三紀（２３００万年～５００万年）に形成された深成岩の花崗岩と、溶岩と火砕岩類からなり、周辺を含めて多くの断層が走る。平成５（１９９３）年7月12日にはマグニチュード７・８、震度6の大地震がこの島を襲った。「奥尻地震」である。この時に発生した津波により島の南西部の青苗地区を中心に２００人以上が亡くなった。そして二次災害として大火災も発生した。その惨事はまだ記憶に新しい。

島は神威山《かむいやま》（標高584メートル）が最高峰で、丘陵状の段丘地形が続く。その段丘を横切って河川が流れ、各所で滝を造る。この島の海岸は崖となり、東部の一部地域を除き、平野が乏しい。

島の内陸部では、戦後、開墾が行われた。現在は牧場も経営されている。

日本海に浮かぶ島であるが、島の気候は年間平均気温9・4℃で、北海道の他の地域と比べると比較的温暖である。年降水量は1333ミリで東京の降水量に近い。

全島が、昭和35（1960）年に「檜山道立自然公園」の中に含まれている。

青森のブナのDNA

この島は山林が7割を占め、その森林の8割がブナ林という。ブナは各所で見られるが、島の西部、神威山から流れる川の河口がある神威脇漁港付近の急斜面には矮性化《わいしょうか》したブナが岩にへばりつくように生育している。このような生育状態は日本広しといえどもここしか見られないであろう。春に訪れると、ブナの独特の黄緑の新緑が美しい。

神威脇漁港から海沿いの道路を北上し、湯浜から斜面を登りブナ林の中へと進むと戦後に開墾された地域が広がり、今でも牧場として利用されている。

勝間山（427・7メートル）の近くでは道沿いに「奥尻地震」からの復興を記念して造られた公園「復興の森」がある。この公園は海からの影響を受ける地域であるため、ブナの樹高は低い傾向にあり、樹高10メートル前後のブナが多く生育している。

一般に、日本海側のブナは太平洋側のブナに比べて大きな葉を持つ。葉の小さな太平洋側の「コバブナ」に対して大きい日本海側のブナは「オオバブナ」と呼ばれる。復興の森のブナは、特に葉の大きいものが多く、葉の大きさ（葉身）が長さ15センチ、幅８センチを超えるものも多い。また、最近のＤＮＡ解析で、奥尻島のブナは近接する北海道各地のブナと同一の系統ものではなく、むしろ海を隔てた青森地方との関係が強いとの報告もある。今後のさらなる研究が待たれる。

しかし、ここのブナ林の種類構成は岸の遊楽部岳《ゆうらっぷだけ》のものと同じで、ブナ―チシマザサ群集に所属するものである。高木層のブナの下にはハウチワカエデ、オオカメノキが目立ち、クマイザサとチシマザサが密生し、草本にはマイヅルソウ、シシガシラが生育することが多い。「復興の森」には散策できるように遊歩道が作られている。公園の中心部から谷に向かう斜面でのブナの生育は良く、樹高が15メートル以上になっているものも多い。台地上のブナの樹高に比べると明らかに大きく、やはり、島での植物への風の影響を実感させられる。

すごい速さで拡散したモウソウチク

島の西から北にかけての地域は、日本海からの強風に晒され、樹高が低い森が続く。島の北、滝ノ間と呼ばれる地域にある小さな河川、ガロ川添いの坂を登って達する平根には梢の上部の成長が風で抑えられた樹高5・7メートルのブナ林を見ることができる。樹高は8メートル前後で、枝分かれが大きく、幹も曲がったものが多い。これも風の影響であろう。

　また、奥尻港の近くで日本最北限のモウソウチク林を見ることができる。モウソウチクは、本来、揚子江の南に分布するタケで、琉球を経由して享保10（1725）年に薩摩にもたらされたと言われる。食用や材としての利用価値の高いこの種は、瞬く間に日本全国に植えられ、拡散した。300年足らずの間に九州からこの北海道の島にまで到達しているのである。日本列島の九州から北海道までを単純に2000キロメートルと考えると、1年間に6・7キロメートルのスピードで北進したことになる。このタケを生活に取り込んだ人の力はすごいものである。

　奥尻町のホームページの情報によれば、島の人口は平成29（2017）年7月現在2749人という小さな静かな島である。ぜひこの島を訪れて特殊な性質を持つ奥尻島のブナ林を歩いてみてほしい。

✈行き方…羽田空港→函館空港→奥尻空港→車（約15分）→神威脇漁港

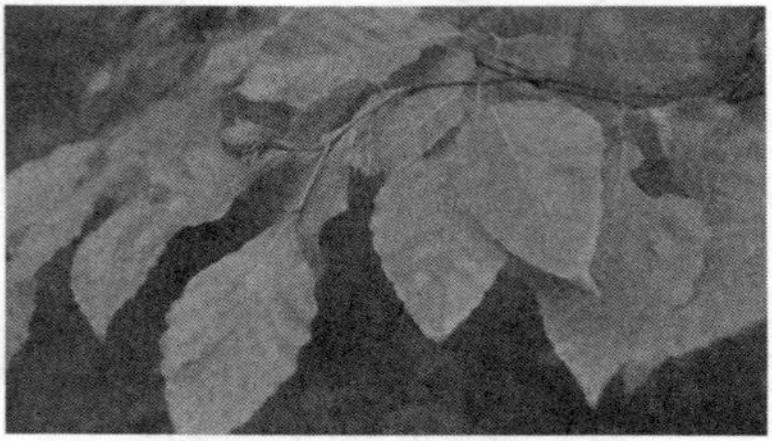

奥尻島ならではの大きな葉のブナ。

日本再北限のブナ林「黒松内《くろまつない》（歌才）の森」

ブナ北限の里づくり

黒松内町は北海道の南西部、渡島半島のくびれ部分にある。そこは噴火湾側の長万部と日本海側の寿都町《すっつちょう》を結ぶ低地「黒松内低地帯」の中にある。この黒松内付近は、温帯の落緑広葉樹林であるブナの北限の地として重要な場所である。黒松内町はこのことを大切に考え、「歌才のブナ林」を町のシンボルとして町おこしを行い、まず、昭和63（１９８８）年から「ブナ北限の里づくり」をスタートさせた。

「ブナ」という漢字

一般的にブナという漢字は木偏に無を付けた「橅」である。これはブナを伐採して放置しておくと1年も経たないうちに青変菌に侵されて腐ってしまうため、「役に立たない木」という意味で付けたと言われる当て字である。「山毛欅」と書くこともあるが、これはブナの樹形がケヤキに似ており、それが山にあるところに由来している。

また、「椈」という字を書くこともある。これは丸い形をしたブナの雄花をイメージした当て字である。それ以外にも平安時代の文献にブナを「曾婆乃岐」と記したものがあるが、これはブナの実の形が、私たちが食べるソバの実に似ていることから来ている。「ソバの実に似た実を着ける木」の意味である。

そのような当て字とは別に、黒松内町では、木偏の右に「貴」という字を置き、それをブナと読ませることにしている。ブナを生かし、町おこしを図ろうとする町の意気込みが感じられる当て字である。黒松内町ではブナにこだわり、「餅米」を使った古代風の日本酒を「ブナのしずく」という名前に、焼酎に「ブナのせせらぎ」、白ワインに「ブナのささやき」という名前を付けて、生産、販売している。それらのラベルではブナはすべて木偏に「貴」を右に持つ漢字のブナを用いている。私も黒松内町の考えに賛同して、木偏に貴と書く、ブナの漢字を用いることにしている。

歌才ブナ林の入り口に建つ「黒松内ブナセンター」は、自然に関する学術研究活動とそれで得られた成果で普及活動を行い、ブナ林の自然に関する展示、植物・動物・科学・環境・農業などに関する様々な情報を提供している。黒松内町を訪れた際には、ぜひここで情報を得てから散策するといい。

北限の理由は解明されてない

「歌才のブナ林」は、昭和63（1988）年に林野庁の学術参考保護林、平成元（198

9）年には植物群落保護林に指定されている。現在、国の天然記念物「植物群落保護林」として指定されている。この森の海抜は40～160メートルで、傾斜方向はE～NEに広がる。その面積は92・43ヘクタールである。ここの地質は新第三期泥岩、砂岩であり風化しやすい地質である。土壌は乾性褐色森林土（BB型）～適潤性褐色森林土（BD型）で、一般的なブナ林土壌である。

わが国のブナの分布の南限は鹿児島県大隅半島の高隈山であり、そして、北限地帯がここ北海道渡島半島黒松内低地（後志地方）付近である。しかし、保護林としての「歌才のブナ林」は、実は、本当の北限ではない。その北東方向に白井川ブナ保護林、ツバメの沢ブナ保護林があるが、海抜50メートルほどのこの黒松内町の辺りで分布が止まり、それより北にはない。

しかし、なぜブナの分布がここで切れているかの理由がわからないのである。今までにも分布が止まる理由として、いくつかの仮説が提案されてきた。最初に、明治神宮の森を提案した本多静六は火災に弱いブナ林は人の手による山火事で石狩低地帯以南に後退したと考え、「山火事説」を提唱した（1900年）。同じ年、田中譲は最後の氷河期が終わってからの種子散布で、現在の位置に到達したとする「種子分布歴史的沿革説」を発表した。さらに古畑葉二は、クロマツ低地帯の北にある羊蹄山の火山噴火でブナの北上が阻止されたとする「羊蹄山火山群阻害説」を唱え（1932年）、塚田松男、植村滋らはブナは水分要求性が高いため、乾燥する黒松内以北には分布できないとする「降水量制限説」を提唱し（1982、3年）、吉良竜夫は北海道が大陸気団の影響を強く受けていることから、ブナを欠く落葉広葉樹林が成立する「気候特性反映植生配置説」を提唱した（1976年）。最近では、渡邊定元が、植物の分布限界が物理的な環境要因で決定されるのではなく、種間関係ですみわけが生じているとする「ニッチ境界説」を提唱している（1985年）。最近では、開葉が早いブナは葉が開いた後に起きる「遅霜」に芽がダメージを受けることで生育できないとする「遅霜傷害説」も論じられている。

長い間、考え続けられたブナの北限決定に関する仮説は、どれもまだ定説にはなっていない。分布を制限する理由の究明は、植物学を研究る人間にとってはまさにロマンである。

とても若い森林の歴史

「最終氷期」と言われ、最大の氷期であったとされるヴルム氷期は2万年前にその氷床が最大の時期を迎え、1万年前に終わったとされる。この氷河期の寒冷期において、ブナを含む森林の分布の北限は日本海側は新潟市付近、太平洋側は仙台市付近の北緯38度以南に制限され、現在よりもはるかに南方に分布していた。の後、1万年以降に始まった温暖化に伴い、ブナ林は北上を開始したと言われている。

花粉分析による研究結果では、縄文時代の今から5300年前には函館付近に既にブナが到達していたことがわかり、さらに、黒松内低地帯には６８０年前頃には到達し、森林を形成していたという。少なくとも今から１０００年前、平安時代にはブナは黒松内に到達したというのである。この年数は植物の分布の歴史から見ると、極めて最近と言わなければならない。

また、興味深いのは、ブナの寿命である。北限のブナ林は生長が早いが短寿命である。日本海側地域のブナが平均樹齢２５０年前後とされるのに対して、ここのブナの寿命は平均１７０年前後と短い。そうであるならば、現在のブナは黒松内に到達してから４代目のブナということになる。なんとも若い森林の歴史である。

ブナは樹冠内とその周囲に限って種子を重力散布する種であり、その自然分布速度は極めてゆっくりしたものと考えられる。ブナの分布は単に自力による散布だけでなく、ホシガラスやミヤマカケスなどの鳥類によるブナ種子の運搬があることが注目されている。それから推定すると、まだ北海道へは到達していないことになる。もし、なんらかの大きな制限がなければ、これからさらに北へ進む可能性もあるかもしれない。

最近、二酸化炭素の増加による地球温暖化の進行が心配されている。この温暖化により、日本列島の植生は北や高海抜地へ移動する可能性のあることが予測されている。ブナ林もその例に漏れない。では温暖化によってブナの分布域はどのようになるのであろうか。２０９５年には東北から北海道にかけての日本海側地域が日本のブナ林の主要分布域になるという。

本州各地のブナ林はその分布域を縮小し、脆弱化することも予測されている。つまり、今のペースで温暖化が進めば、１００年もしないうちにブナ林の北限の議論は必要なくなるのである。

サワグルミなどの北限でもある

私がここへ初めて来たのは昭和56（１９８１）年だった。車を止めて沢沿いの道を歩き、ミズナラやダケカンバの中を通り、沢を渡るとブナ林があった。そのブナはそれほど大きくはなく、ササも少ない。尾根部にはホツツジ、オオハナヒリノキなどのツツジ科植物が多く、乾燥した立地であった。さらに進むと景観は一変する。林床にはツツジの仲間に代わってクマイザサ、チシマザサが密生し、ブナの樹高も直径も大きくなってくる。斜面を下り平坦地になると、それはさらに大きくなり、立派なブナ林となる。そこでのブナは樹高20メートル、胸高直径40～50センチのものが多い。

歌才は北限地帯のブナ林である。しかし、この生長の様子から見ると北限らしくない様相のブナ林なのである。森林の中を歩くと、鬱蒼としていて力強いブナ林が広がっている。黒松内低地帯にはブナの他にも、この地以南で分布が止まり、以北に分布しない植物も多い。サワグルミ、マツブサ、マルバマンサク、リョウブ、ハナイカダ、ウリハダカエデなどがそれである。

ここでは、春にはカタクリ、キクザキイチゲ、エゾエンゴサクが咲き、道南ではあまり見られない湿原「歌才湿原」には、ミズバショウ、イソツツジやワタスゲ、エゾカンゾウなどが咲く。ブナやミズナラ、ホオノキも葉が開きはじめ、美しい季節が始まる。ブナの新緑は5月いっぱいみずみずしい色彩が楽しめる。そして秋は、雪が降るとブナの黄褐色葉が終わり、赤茶色の落ち葉が敷き詰められ、灰白色の樹皮が、絶妙なコントラストを描き出す。冬になると雪、と四季ごとに趣が変わっていく。その美しさをぜひ見てほしい。

✈行き方…羽田空港→新千歳空港→JR快速エアポート　新千歳空港駅→南千歳駅→JR特急スーパー北斗　長万部駅→JR函館本線　黒松内駅→車→歌才森林公園

ホオノキの花

クサボタン

ヒトリシズカ

ミズナラとエゾマツが混生する珍しい森「知床半島の森」

多様な動物が生きる森

北海道の北東端オホーツク海に突き出た「知床半島」。知床とは、アイヌ語で「シリエトク」。地の果てを意味するという。

知床半島は地質的には、千島列島から続く火山帯に属している。火山活動により形成された半島の中央部に、知床岬から知床岳、硫黄山そして最高峰の羅臼岳《らうすだけ》（1661メートル）へと海抜1500メートルを超える知床連山が続く。海上にはトドやアザラシ、川にはサケ、マスがさかのぼり、森にはヒグマやエゾシカ、天然記念物に指定されているオオワシ、オジロワシ、世界で最も絶滅が心配されている鳥類のひとつシマフクロウが生息する。また、北海道指定天然記念物のマッカウス洞窟に生育するヒカリゴケなども見られる。世界的に見ても自然が豊か

通りすがりに目の前に現れたヒグマ。

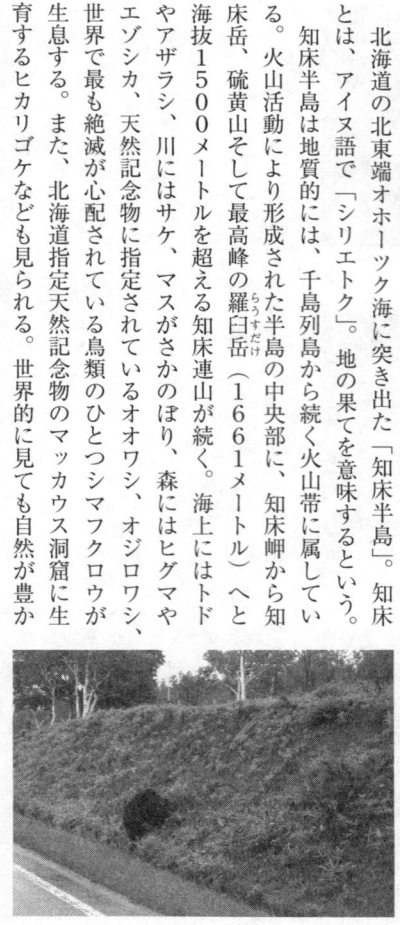

な貴重な場所である。

そうした貴重な自然が残るこの地は、昭和39（１９６４）年に国立公園に指定されたのをはじめとして、知床森林生態系保護地域、国指定知床鳥獣保護区の指定など、数々の保護制度が適用されている。また、平成17（２００５）年には、世界的にも類いまれな自然が残る場所として、世界自然遺産に登録された。

珍しい汎針広混交林

ブナの北限である黒松内低地帯以東の北海道一帯は、館脇操博士によって「汎針広混交林」と命名された森林帯の地域である。この森林は冷温帯性の落葉広葉樹林であるミズナラ、シナノキ、エゾイタヤ、ハルニレ、カツラ、ハリギリ（センノキ）などと共に、亜寒帯性常緑針葉樹林のエゾマツ、トドマツなどが混生した森林であり、このような林のタイプは本州では見られない。

北海道の大部分を覆うこのタイプの林は北海道だけに限られ

エゾシカ。植物の食害が問題になっている。

るものではなく、サハリン（樺太）の中部以南（植物地理学でいうシュミット線以南）、中部千島以南（宮部線以南）にまで広がっている。館脇操博士は、この森林のタイプが見られる地域を、ブナなど落葉広葉樹を優占種とする冷温帯から常緑針葉樹が優占する亜寒帯への移行帯と考えた。

海崖にも高山植物が見られる

知床半島で北海道特有の植物群落からなる垂直植生分布の変化をはっきり見ることができる。知床連山を構成する山々は高度こそ１６００メートルほどであるが、本州の３０００メートル級の山と同じような高山植生が観察できる。高緯度により気温が低下するためである。

羅臼岳の山頂付近では7月中旬まで雪渓が残るが、雪の少ない日当たりの良い場所から、アオノツガザクラ、チングルマ、イワギキョウなどの花々が次々と咲きはじめる。高山植物の種類は３００種以上、海崖の標高の低い場所でも高山植物の群落を見ることができるのが、この場所のすごいところである。

また、ウトロと羅臼を結ぶ国道３３４号線（知床横断道路）を車で30分ほど走ったところにある知床峠（７３８メートル）では、本州の中部地方以北の高山帯、２５００メートル付近に分布するハイマツの低木群落を目前に観察することができる。この峠から山を下ると、ハイマツ帯からダケカンバ帯に移り変わるさまがよく見られる。道沿いには白っぽい肌をした樹高４～５メートルのダケカンバが群落を作っている。さらに下り、海抜６００メートル以下には「汎針広混交林」の森が広がる。

地元住民が知床の森を取り戻した

知床半島のオホーツク海側にある斜里町を中心とする地域は、またひとつ違った意味で「特別の場所」である。現在、知床は、原生的な天然林がまとまった地域を保存する「知床森林生態系保護地域」に指定されており、木材生産を目的とした伐採事業は行われていない。しかし、かつては歴史の中で翻弄された場所でもあった。そして、ここは「知床で夢を買いませんか」というキャッチフレーズで知られる日本での本格的なナショナル・トラスト運動が開始された場所なのでもある。

この知床半島の付け根では、明治時代から開拓が行われるようになり、斜里側では入植が数度試みられたが、この入植は失敗に終わっている。大正の頃には、営林署が森林の伐採を進め、昭和10年代には多量の軍用材伐採が行われた。さらに、昭和20

知床峠で見られるハイマツ群落。

年代になると復旧資材として緊急伐採が行われ、知床半島の森林は急激に痩せ細っていった。

戦後は満州からの引き揚げ者を中心に再度、開墾が行われる。入植者は材木を現金収入源とし、伐採した跡を開墾してジャガイモなどの作付けを行ったが、不適地であったために生産性が上がらず、耕作を放棄して多くが離農した。その跡は荒れ地として現在も残っている。

昭和40年代になると「列島改造論」の土地ブームが起こり、開墾跡地は別荘地として不動産業者が買い漁る場所となった。それを心配した地元住民と自治体が主体となり、昭和52（1977）年、開拓跡地を乱開発から守り森林に復元することを目的とする「知床100平方メートル運動」をスタートさせた。全国に呼びかけ、一口8000円で寄付金を集めて、土地の買い取りや、土地の所有者からの遺贈・寄贈を受け、植樹、自然教育活動などの環境保全運動をはじめたのである。その結果、予定した土地の買い取りはほぼ終了した。平成9（1997）年からは、新たに「原生林の再生」「生物相の復

開墾時代の住居跡がまだ残されている。

元」を目指して、「100平方メートル運動の森・トラスト」を行っている。これまでにこの地域に植林されたのは約40万本。まずはアカエゾマツを主とする針葉樹林を育てることで、防風林の役目を果たす第1世代の林を造る。この生長した植林地に、さらに他の様々な種類の広葉樹を混ぜ込んでいくことで、多様で豊かな森にする計画である。ササ原や二次林についても、多様な樹種からなる森になるように誘導していくという。

しかし、場所によっては冬の強風や、増えすぎたエゾシカの影響が木々の生長を阻んでいるところもある。エゾシカは広葉樹を特に好んで食べるので、うまく木が育たないところもあるようだ。そのために広葉樹を守るために柵で囲ったり、木にネットを巻いたりする作業が行われている。自然との共生は、簡単にはいかないものである。

知床五湖までの散策路

知床峠から約3キロ、斜里町ウトロから20キロ、羅臼市街まで14キロの地点には知床五湖がある。この地域一帯は、平成16（2004）年4月に知床森林生態系保護地域の保全利用地区（バッファーゾーン）として指定されている。湖までの途中には「知床100平方メートル運動」で植えられた樹木の生育地を見ることができるし、開墾をあきらめて離散した人々の住んだ朽ちた家屋も見える。

湖へ行く前には、知床五湖への分岐点近くに位置する「斜里町ホロベツ知床自然センター」を訪れることをおすすめする。そこで多くの情報を得てから歩き始めるとよい。知床五湖の入り口は、知床横断道路からすぐのところにある、階段や木道などが整備された散策路は周囲6キロメートルで、羅臼湖など幻想的な5つの湖を散策する一周3キロメートルのコースになっている。ゆっくり歩いても1時間半くらいのものである。歩くと、ミズナラやトドマツが繁る森や湖、周辺には開墾されたことを示すササ原が広がり、自然と歴史とを学ぶことができる空間になっている。

✈行き方…羽田空港↓釧路空港↓バス↓JR釧網本線 釧路駅↓知床斜里駅↓バス（約60分）↓ウトロ

植物を観察しながらの散策にぴったりの知床五湖。

第8章　九州・沖縄の森

大陸との交流を示すナンジャモンジャの木「対馬《つしま》の森」

韓国まで約49・5キロ

対馬は日本海の玄界灘に浮かぶ島で、日本の島では佐渡島・奄美大島に次いで第3位の大きさである。その面積は698平方キロメートルで、東京23区（621平方キロメートル）よりも大きい。韓国との距離も近く、韓国までの最短距離は約49・5キロメートルであるが、九州までは約132キロメートルで、はるかに韓国に近い。そのため、最近では韓国からの観光客も多く、島の中では韓国語が多く飛び交い、日本の韓国タウンと言っても過言でないくらいである。もちろん、街中の表示にはハングル文字が併記されている。

大陸と日本を結ぶ要衝

今から約258万年前から約1万年前の第四紀更新世の頃までは、日本列島と大陸は時に離れ、時に陸続きであった。氷河期が終わり、1万年以降の海水面の上昇（海進）によって九州と朝鮮半島から切り離され、島になったのである。

対馬はその位置から、古くから大陸との交流があり、歴史的には朝鮮半島と倭国・倭人・

ヤマトを結ぶ交通の要衝であった。時代ごとにその歴史が顔をのぞかせている。古くは『魏志倭人伝』には、「対馬国」が倭の一国として登場している。朝鮮半島の政情が不安定であった天智天皇の２（６６３）年に白村江の戦いで唐・新羅の連合軍に敗れた日本国防の最前線となった対馬は、大陸からの侵攻に備えて浅茅湾の南岸に金田城を築き防御の拠点とした。

その後、鎌倉時代には２度に渡り元の襲来（元寇：文禄・慶長の役）を受け、壱岐と共に大きな被害を受けた。また、秀吉の朝鮮出兵の折には、出兵に先立つ天正19（１５９１）年、厳原《いずはら》に清水山城《しみずやまじょう》が、上対馬の大浦には撃方山城《うつかたやまじょう》が築かれて中継基地となった。

江戸時代には対馬はその位置から、秀吉の朝鮮征伐により関係が悪化した日本と朝鮮の国交に大きな役割を果たした。藩主の宋氏は、朝鮮通信使の対応役として活躍し、時には、お互いのために国書の改ざんまで行ったという。

第３代藩主（宗家21代）宗義真は厳原の古代の清水山城の下に櫓を築いて金石城と呼んだ。今でも石垣、城門跡などが残りその奥の石段を登ると歴代の城主のお墓があり、３本のスギの巨木が立つ。また、日露戦争の折にはこの島の沖で、世に言う「日本海海戦」が行われたことも有名である。

島の中部には、大船越瀬戸《おおふなこしせと》と万関瀬戸《まんぜきせと》の２つの運河があり、浅茅湾と対馬海峡を接続している。大船越瀬戸は、１６７０年頃に開かれた。万関瀬戸は１９００年に旧日本海軍が日露戦争に備えて軍艦を往来させるために掘削したものと言われ、当初は幅25メートル、深さ

3・0メートルであったが、昭和50（1975）年に幅40メートル、深さ4・5メートルへと拡張された。大船越瀬戸の橋の上からその運河を望むと、その幅と高さに驚くと共に、機械力の乏しいあの時期によくもこのような工事を人力で行ったものと感心させられる。

龍良山《たてらやま》の自然林

対馬には常緑広葉樹林が全体に広がり、島の面積の約88％を占める。山の尾根から斜面にかけてはスダジイを中心とした林、斜面下部から低地にかけてはタブノキ林が自然林である。島の大部分の森は二次林であるが、それらも地形的な位置により、そのどちらかの林へと遷移している。

南北に長いこの島の自然林は南部の龍良山、中部の和多都美《わだづみ》神社一帯、北部の御岳に見ることができる。また、中部の白嶽（519メートル）は石英斑岩の大露頭で山体が白く見える山で九州百名山のひとつである。

島の南部に位置する龍良山（558・5メートル）の自然林は

板根が発達し、根が浮いているスダジイの巨木。

「龍良山原始林」と呼ばれ、対馬の自然林の代表的存在である。この山ではスダジイが優占する常緑広葉樹林がよく保たれており、板根の発達したスダジイの巨木があることも珍しい。ここは、古来、神山であったため、この自然林が広範囲に残されたもので、この森は国指定天然記念物になっている。ここでの主な種は高木層のスダジイ、アカガシ、ウラジロガシ、イスノキ、タブノキ、亜高木層のヤブニッケイ、シキミ、サカキ、モッコク、ヤブツバキ、カクレミノ、低木層のアオキ、草本層のホソバカナワラビなどである。

対馬はその地理的位置からして、常緑広葉樹種が多いが、モミ、ヒメコマツなどの針葉樹、コハウチワカエデ、ナツツバキ、ケヤキ、アカシデ、ガマズミ、コハウチワカエデ、コバノミツバツツジ、リョウブなどの落葉広葉樹などの山地性の種も多く見られる。また、カンラン、シュスラン、ヤマラン、セッコク、クモラン、カヤラン、ヒナラン、キエビネ、ナツエビネなど、本州では極めてまれになったラン科の植物種が見られることも特筆すべき特徴である。

ツシマヤマネコが生息する御岳原始林

北部の御嶽（４９０メートル）は「御岳原始林」と呼ばれる。植物の構成は龍良山と大きな差はないが、林の中にモミの巨木が生育することが異なる。そして、ここは対馬にしか生息しない希少動物種であるツシマヤマネコの生息地である。ツシマヤマネコは約10万年前に当時陸続きだった大陸から渡ってきたと考えられている。ベンガルヤマネコの亜種とされ、現在、環境省対馬野生生物保護センターでも保護・飼育されている。2005年の推定生息数は80～110頭で、環境省のレッドリストでは絶滅危惧種1A類に指定されている。しかし野猫対策の罠、農薬、自動車事故などがこのツシマヤマネコを絶滅の危機に追い込む原因の一因になっているという。

キエビネが美しい和多津美神社

中部にある和多都美神社は豊玉姫命と、海彦山彦の神話で知られる彦火々出見尊《ひこほほでみのみこと》を祭神とする神社で、海宮であり、鳥居は海中に立ち、満潮時には2メートルも海中に沈む。神社の周囲は常緑広葉樹林に囲まれスダジイ林が広がる。地域の斜面下部には季節には貴重なキエビネが各所で花を咲かせる。少し登ると展望台があり、常緑広葉樹林を持つリアス式海岸を一望できる。

ナンジャモンジャの木

対馬の植物の最大の特徴は朝鮮半島や済州島との共通種が多いことである。大陸系植物・対馬固有種・日本本土との共通種、約1200～1300種が自生している。対馬を中心とする地域に分布するナンバンキブシ、ツシマママコナ、大陸系の植物で、韓国の済州島にも分布するゲンカイツツジ、ナンザンスミレ、チョウセンヤマツツジ、チョウセンノギク、ダンギクなども見られる。

大陸との関係を示す種として、ヒトツバタゴがある。この種はモクセイ科の落葉樹で、朝鮮半島、中国、台湾、日本では対馬の他、岐阜県蛭川村に分布する。成長すると、高さ15メートル、直径70センチにも達する。この種は別名「ナンジャモンジャの木」と呼ばれ、その呼び名の方がわかりやすいかもしれない。対馬市上対馬町鰐浦《わにうら》を中心に自生し、5月頃4つに深く裂けた長さ1・5～2・0センチの白い花を樹冠全体につける。鰐浦では入江を囲む山の斜面に多く、花期ともなると静かな海面を真っ白に照らし出す。満開時には湾の斜面に一面に咲くことから、地元では「ウミテラシ」と呼ばれている。

このように、対馬は人だけでなく、植物でも大陸との交流があった場所なのである。

✈行き方…羽田空港→福岡空港→対馬空港→車（約45分）→鮎戻し自然公園（龍良山登山道入口）

ヒトツバタゴの花

シキミの花

神域に残るイチイガシの林「宇佐神宮の森」

朝廷さえも動かす格式高い神社

宇佐は国東《くにさき》半島の北側、豊前平野に面した位置に昔から拓けていた古い歴史のある土地である。宇佐八幡宮は豊前一宮で、全国に４４０００あると言われる八幡宮の総本社である。７２５年の創建とされて、石清水八幡宮、鶴岡八幡宮と共に日本三大八幡宮とされる。宇佐八幡宮は、応神天皇、神功皇后宗、宗像三姫神を祀り、古来、篤い信仰に支えられてきた。

　宇佐八幡宮は、古くから、３世紀頃に日本にあった邪馬台国の女王卑弥呼の墓ではないかとの説もあり、作家の高木彬光氏がその説をもとに小説『邪馬台国の秘密』を書いた。氏によれば「皇室の祖先神、天照御大神は邪馬台国の女王卑弥呼が神格化されたもので、宇佐八幡宮には卑弥呼が祀られている。すなわち、宇佐神宮の地は卑弥呼の墓である。宇佐神宮本殿に書かれている『比

奈良時代に称徳天皇と弓削野道鏡の事件も起きた宇佐神宮。

売大神』はすなわち、卑弥呼のことである」という。

歴史的には、奈良時代、女帝・称徳天皇の愛人であったとされる弓削道鏡《ゆげのどうきょう》が政権を乗っ取ろうとした「宇佐八幡宮託宣事件」のような事件もある。これは弓削道鏡への託宣の真偽を確かめようと和気清麻呂《わけのきよまろ》が宇佐八幡宮を訪れ、そこで弓削道鏡への信託は嘘であるという託宣を得て、道鏡が失脚した事件である。

この話には続きがあり、宣託を伝えられた道鏡は激怒し、和気清麻呂を鹿児島に追放しようとした。流される途中、清麻呂が豊前国を移動中、道鏡の追っ手から足の筋を切られる。その時、数百頭の猪が現れ、清麻呂を助けて、賊を追い払ったという。再び清麻呂は宇佐神宮から神告を受け、現在の小倉北区湯川にあった霊泉に浸かると、たちどころに足が治った。その後、近くの山に登り北辰尊星妙見に天皇の安泰と反逆者がいなくなることを祈ったという。この山は清麻呂の足が立ったことで足立山と呼ばれるようになった。足立見山宮では「狛犬」ならぬ「猪」が置かれているのはその伝えに由来する。この神社は現在に及ぶまで足の神様としての信仰されている。

いずれにしても、奈良朝時代には、すでに宇佐八幡宮が政治的に朝廷さえも動かす力を持った、格式の高い神社であったことを物語っている。余談であるが、この神託事件にゆかりのある道鏡は大阪府八尾市の生まれ、和気清麻呂は岡山県和気市の生まれである。それに宇佐神宮のある大分県宇佐市は、前記の因縁から、今は姉妹都市になっている。

信仰が森を守ってきた

宇佐八幡宮がある地域は深い森に囲まれて社殿はその中に配置されている。日本では、昔から山や自然そのものが神として崇められてきた。奈良の桜井市にある三輪山《みわやま》は山がそのご神体であるし、近くの国東半島の沖に浮かぶ姫島は姫岳をご神体としている。姫島ではその証拠に、低地にある池の中に鳥居が建てられており、付近には神社の社はない。訪れる人は鳥居を通して姫岳を見ることができる。

宇佐神宮の地域も、その地形からして、最初は信仰の山で、仏教の伝来による神仏混合の影響で社殿が森の中に建設されたのかもしれない。その信仰が昔から神域として神社の周囲にある森を守ってきたと言ってもよい。

昔から「鎮守の森」は木を伐ると祟りがあるとされ、「神域は犯すべからず」という考えから、多くの森が伐採を免れてきた。宇佐神宮の森もまさにそれである。平成3（1991）年の台風では、この神社の社叢も大きな被害を受け、イチイガシの大木31本、クスノキ6本、タブノキ4本の巨木を含めた200本近い巨木が被害を受けている。しかし、古代の森や林は元のままの姿でそこに残っている。

この森は「宇佐八幡宮社叢」と呼ばれる国指定の天然記念物に指定されている。

神域に残るイチイガシの大木

この地域は、緩い丘陵地とそれにつながる沖積平野からなる。少し乾いた斜面から尾根はコジイ林、斜面に続く平坦地にはイチイガシ林が分布し、海抜の低い多少湿った立地や海に近い平坦地にはタブノキ林が広がっていたと考えられる。このイチイガシの森は、この地方に広がる常緑広葉樹林のタイプのひとつであり、気候的に安定した自然林（極相）の姿である。今の水田が広がるかなりの部分は、人が住む以前にはイチイガシの林があった場所と推定される。

神域にはイチイガシを高木の優占種とする森が広がっている。その森の中にはホルトノキ、タブノキなどの巨木も多く生育し、その下には温暖な地域にしか生育しない常緑樹であるミミズバイ、タイミンタチバナなどが生育する。草本層はシダ植物のホソバカナワラビが生育するのが一般的である。

この地域にはイチイガシが各所に分布し、神社林（社

雲の形で皮が剥がれるイチイガシ。

叢）には必ず大きな個体が見られる。この宇佐神宮でも同様で、直径1メートル、樹高30メートルに達する個体もまれではない。イチイガシはたいへん特徴のある木で、樹皮は暗灰褐色であり、ある程度大きくなると木の肌は不規則に剝《は》がれる。そして、剝がれた跡には雲のような雲状斑《うんじょうはん》という模様ができる。ちょうど孫悟空が金斗雲の術を使って飛んでいく雲を、マンガチックに描いたような一風変わった模様である。これは、幹の生長によって、幹を覆っていた樹皮の下に新たな樹皮が形成された結果、表面の樹皮が剝離《はくり》した跡に現れた模様である。この雲状斑は、ケヤキやアカガシにも見られる。また、この種は葉にも特徴がある。葉の裏側には綿毛があり、その綿毛が金色なのである。

人によって森林が伐採され、昔の自然を見ることができなくなっている地域において、これらの森は、地域の自然植生を推定するためにも極めて重要な意味を持っている。大事にしたい森である。

✈行き方…羽田空港→大分空港→車（約60分）→宇佐神宮

イチイガシが鬱蒼とした自然林を作っている。

草原を歩き絶景の山頂へ「由布岳の森」

2つの島だった九州

かつて九州は南北の２つの島で、新第三紀（２３０３万年前から１７５万年前）まではその間に海（阿蘇水道）があった。そこは別府島原地溝帯と呼ばれ、第四紀になって、そこに大小の火山が噴出した。最も東に噴出した鐘状火山（トロイデ）が鶴見岳（１３７４・５メートル）、由布岳（１５８４メートル）であり、同時期に噴出したのが久住山群（久住山、黒岳など）、雲仙岳などである。また、阿蘇山の噴火、カルデラの形成は30万年前から９万年前で、もっと後になる。

鶴見岳は今から７万年前の火山活動で山体が形成された。由布岳の東に位置し、由布岳を男山、鶴見岳を女山と称されている。鶴見岳は連山で、草原が広がる大平山（８１０メートル、別名・扇山）、噴気を上げる伽藍岳（１０４５メートル）が連なる。貞観９（８６７）年にも大爆発を起こした伽藍岳は、今でも噴煙を上げている。

由布岳の自然を考える場合、この地域の自然植生分布を知るために、由布岳の東にある鶴見岳、そして別府湾までの斜面をひとつとしととらえるとよい。

神社で2つの自然林を観察

別府の市街地から九州横断道路（通称「やまなみハイウェイ」）を走る途中に社叢を持つ2つの神社がある。この神社の歴史は古く、延喜式の神名帳には鶴見岳の鶴見権現社と火男火売神社《ほめおほのめじんじゃ》の2社が載っている。この2つの神社の社叢で、この地域の標高の違いによる自然林タイプの違いを見ることができる。

低海抜にある鶴見権現社は、春木川上流域の標高220メートルにある。拝殿を取り巻いてイチイガシの林があり、その西側一帯にスダジイ林がある。高木層はイチイガシ、スダジイ、亜高木層にはヤブツバキ、低木層はヒサカキ、草本層にはトウゴクシダなどが生育する。昭和49（1974）年に大分県特別保護樹林、昭和52（1977）年に大分県の天然記念物の指定を受けている。

鶴見岳の南側中腹の標高760メートルにある火男火売神社の社叢はアカガシ林である。胸高直径1・5メートルを超えるアカガシが生育し、高木層はアカガシが優占し、亜高木層はシキミ、低木層はアオキ、草本層はカシワバハグマが優占種である。昭和50（1975）年に大分県天然記念物に指定されている。

それらの周囲にはアカシデ、イヌシデ、コナラからなる落葉広葉樹二次林とススキ草原が広がる。草原の中の所々には樹皮が厚いために野焼きで焼けることなく生き残ったカシワが見られる。由布岳の南東部には猪瀬戸と呼ばれるヨシが優占する湿原が広がり、その西に由布岳が位置する。

古い歴史を持つ由布岳

由布岳（標高１５８４メートル）は山頂に東西の頂を持つ円錐火山の独立峰で、見る角度により、富士山のように見える山容から豊後富士とも呼ばれる。この山は２２００年前に大噴火を起こし、溶岩を流した歴史を持つ。

この由布岳は奈良時代初期の『豊後国風土記』に柚富峯《ゆふのみね》として、柚富郷（由布院のこと）と共に登場する。柚富郷の記述では、「この郷の中に栲の樹さわに生たり。常に栲の皮を取りて木綿（ゆふ）を作る。因りて柚富郷という」とある。栲とはコウゾのこと。つまり、コウゾ（ヒメコウゾ）が多く生育していたということで、それを用いて織物の原料とした。また万葉集にも木綿山《ゆふやま》が出てくる。平安時代の中期の『和名抄』には由布郷、延喜式には由布駅が見え、由布の字に代わっている。深田久弥は百名山の中にこの由布岳が漏れたことに心を痛め、後に由布岳を１０１番目の山としたと言われる。

満鮮要素の見られる草原

由布岳の山麓を少し進み、コナラ、クマシデ、アカシデ、エゴノキなどの落葉広葉樹林を通り過ぎると、海抜770メートルの地点で草原の中にある正面登山口に着く。そこからは、正面に由布岳を見ながらススキ草原の中を歩く。この草原には、「満鮮要素」の植物が多く見られる。

九州は、今から1万年前に終わった氷河期時代には朝鮮半島と地続きであった。そこを通って満州、朝鮮から植物の多くが南下して九州に辿り着いた。つまり中国大陸や朝鮮半島の植物がここまで来ているのである。そうした植物の一群を満州の満、朝鮮の鮮を取って「満鮮要素」と呼ぶ。

それらの植物は、寒くて乾燥した時期に大陸から来た植物であり、草原のような立地に生育する植物である。ヒゴタイ、エヒメアヤメ、キスミレなどで、ヒゴタイを除くとどれも背の低い植物である。ただし、本来の生育場所である草原が手入れをされなくなって森林化してしまうと、これらの植物は生育できなくなってしまう。

正面に由布岳を見ながらこのススキ草原の中を歩き、再び落葉広葉樹林帯の中をジグザグに登り5合目に着く。海抜700メートルから1200メートルは落葉広葉樹林となり、高木層にクマシデ、イヌシデが優占し、亜高木層にシラキ、コハウチワカエデ、アオハダ、低木層にタンナサワフタギ、コガクウツギ、コバノガマズミを含む林が見られる。

この地域は火入れの影響を受けており、二次的な群落になっているため、自然の森林帯ははっきりしない。しかし、周辺のこの高度には小面積ながらブナ林が分布しており、黒岳と同様にここにもブナ林に代表される自然の落葉広葉樹林帯があったことがわかる。

傾斜が急になり、ススキと低木の混じった道をさらに登り頂上直下に達する。その付近は急な岩場で、西峰の方は、障子戸と呼ばれる岩壁を、鎖を使って登るところもある。天気の良い日などはまさに絶景で、山頂からは別府湾や久住連山や湯布院の町などが望める。

山頂部には鶴見山や久住の山岳と同じ、ミヤマキリシマの低木林が発達している。

あさぎり台からの眺め

由布岳登山を終え、西の湯布院の街に向かうと道沿いに「あさぎり台」という展望台がある。そこでは眼下にかつて大きな湖であったと言われる由布院盆地が望める。天候によってはその盆地がすっぽりと埋まる雲海が広がることがあり、時には霧の中に沈む由布の街が見られる。また、途中の標高500メートル付近の岳本国有林内では、本来、常緑広葉樹林の分布域にありながらコナラを優占種とする落葉広葉樹林が広がる。そこでは直径1メートルのコナラも見られる。

このように、由布岳は周辺地域を含めて、中部九州の自然の垂直植物分布帯と人々との関わりを知ることができる貴重な場所である。

✈行き方…羽田空港→福岡空港→地下鉄空港線 博多→JR特急ソニック 小倉駅→別府駅→バス（約40分）→由布岳登山口

男池やミヤマキリシマ群落が美しい「黒岳《くろだけ》の森」

原生的な森林が残る

大分県久住地域は地質学的には久住火山群と呼ばれる第四紀後期の火山地域で、火山岩である角閃石安山岩が広く分布している。活動開始時期はおよそ33万年前からで、噴火年代を異にするいくつかの古い火山性の山岳からなるが、黒岳はその火山群の東端に位置する。

黒岳は、溶岩円頂丘をなし、急な山腹と平らな山頂を持つ。最高峰は高塚山（1587メートル）で、北高塚・天狗岩・荒神森・前岳など5つのピークからなる。

この山塊は遠くから眺めるととても山容が美しい。全山樹木が鬱蒼と繁るので、黒色または紫色に見えることから別名「黒山」とも言われる。久住山群の中では唯一の原生的な森林が全山に残っている。明治31（1898）年に「水源かん養保安林」に指定され、昭和6（1931）年には阿蘇くじゅう国立公園の中に指定されている。

山全体が将棋の駒をガサッと崩したように、安山岩の岩がたくさん積み重なっている点も、変わっている。当然のことながら保水力は弱く、山は乾いている。火山であることから多くの場所で岩が露出し、土壌の形成が悪い。

養蚕《ようさん》に利用されていた風穴

黒岳の谷底には冷気を蓄え、それが噴き出す「風穴」がある。今から40年近く前、私はこの地の風穴の中に入ったことがある。中は意外に広く、涼しい風があった。昔は、この地域では蚕《かいこ》に卵を産みつけさせた紙（蚕紙）をこの風穴に保存していたのである。8月の風穴内の温度は4・7℃、空調機がある今と違って、温度調節のできない昔では、蚕紙を保管するのに格好の場所であった。風穴の中に使われなくなった棚がまだしっかり残っていたことを覚えている。

名水100選「男池」

大分市から1時間ちょっとで由布市庄内町へ。さらに西の山間へ進むと阿蘇野集落となり、そこから黒岳が見えてくる。この山麓地域は他と同じように、人の影響を強く受けており、コナラとアラカシの混じる二次林が広く分布し、スギ植林に加えて、大分県特有のシイタケの原木としてのクヌギ植林地も点在する。落葉樹二次林のコナラ林、イヌシデ林が広がる。その地域の中にあって、海抜300〜600メートルの斜面のところどころには、アカガシ、ウラジロガシからなるカシ林が所々に残っている。

集落が終わり、それらの樹林帯の中を進むと黒岳への登山道入口がに、土産品の売店などもある駐車場がある。そこから登山道へ入り、川沿いに進み、最初に目に飛び込んでくるのが昭和60（1985）年に環境庁の「名水100選」に選ばれた名水「男池」である。清涼な水がこんこんと湧き出している。黒岳の森に降った雨が土壌へしみ込み、伏流水となり1年ぐらいをかけて湧いていると考えられている。その透明度、味は格別であり、水温は常に12・6℃、1日2万トンの湧出量があるという。男池の周りは鬱蒼とした木々に囲まれていて、静かな空間となっている。男池から流れ出した水は阿蘇野川となり、大分川へと注いでいる。池の周囲はケヤキ、ミズナラ、ミズメ、クマシデの落葉樹林となり、ブナの単木を見ることもできる。

さらに進むと、岩が荒々しく積み重なった場所や、浸食された岩石が細粒になって谷を埋め、あたかも川の氾濫原のようになった広い場所が見られる。そこには久住山群に特有のオヒョウが優占する渓谷林が発達している。この林

ミズナラの葉

の下層にミツバウツギ、バイカウツギ、チドリノキ、アブラチャン、ウリノキ、ジュウモンジシダ、ヤマタイミンガサなど湿性立地を好む種が生育する。

斜面を登っていくと、尾根にかけては大きな岩塊の上にツクシシャクナゲが目立つようになる。この種は標高８５０メートルくらいから多くなり、高塚山東側の北斜面や前岳などはツクシシャクナゲの優占群落になっている。ここは、元々、ガラガラとした山のために岩が多い。深くまで大きく根を張るような植物の生育は無理であるが、シャクナゲのように、乾燥に耐え、大きな岩石のすき間に根を張って生育できるものには格好の立地である。そのためにここにはシャクナゲが非常に多いのである。

九州の１０００メートル以上の山岳では、林床にスズタケが多くを占めるブナ林が発達す

アブラチャン

ヤマタイミンガサ

るのが普通であるが、ここではブナをはじめ、スズタケの生育する場所はたいへん限られている。そして、局所的に発達するブナ林は常にツクシシャクナゲを伴っている。これが黒岳のブナ林の特徴であり、ブナ―ツクシシャクナゲ群集と呼ばれたこともある。

ブナ林は断片的に１２００メートルくらいまで見られる。

山頂にはミヤマキリシマ群落

山頂に近くなると立地環境は悪くなる。標高１２００メートル以上では久住山群の他の山岳と同様に、ミネカエデ、ナナカマド、ノリウツギ、ツクシヤブウツギなどの低木林となる。これは、浅い土壌、強い風によって生育が制限された結果である。

山頂部には久住山群に共通するミヤマキリシマ群落が発達する。この種は6月に濃いピンクの花を咲かせるツツジで、これが岩の上に大群落を形成しているのである。ミヤマキリシマの低木の下にはイワカガミ、マイヅルソウも生育している。高度的に高山とは言えないが、高山に似た厳しい環境であることから、それらの植物の生育が見られるのである。

✈行き方…羽田空港→福岡空港→高速バスゆふいん号（約105分）→由布院駅→車（やまなみハイウェイ）→男池（黒岳登山道入口）

日本南限のブナ林「高隈山《たかくまやま》の森」

日本の常緑広葉樹林の中心

私が初めて高隈山を訪れたのは昭和45（1970）年の春である。ブナの研究を始めたばかりの私は、日本の南限のブナ林をなんとしても見たいと思っていた。鹿児島市からフェリーで桜島に渡り、そこからバスで宿泊をお願いした鹿児島大学の演習林がある垂水市へ向かう。途中、バスの車窓からは道路沿いの切り通しに桜島から噴出した火山灰であるシラスが厚く堆積するのが見られた。中部九州に広く広がる阿蘇・久住の火山灰が褐色であるのに比べて、その違いに驚いた。道沿いから遠くの山を見ると常緑広葉樹林が広範囲に伐採されていた。山頂部だけに林が残っているのであった。残る林では崩落の傾向は見られなかったのに対して、スギが植栽された伐採跡の斜面では各所で崩壊地が発生していた。以前はスダジイなどの常緑の林が台地に根を張っていたので崩れなかったが、炭を採るために、昭和40年頃にこの地域にあった広範囲の常緑広葉樹林を伐採した。そして、その跡にスギを植えたため土壌の襟縛力が低下して崩落を招いたのである。

それから40年以上を経た平成23（2011）年に、再び高隅山の自然を観察するために、同じ道を通った。しかし、道路沿いには、かつてのような地肌をむき出しの場所は見られず、すべて緑に覆われていた。日本の植生の回復力の強さに驚かされたが、かつて植えられたスギの生育している場所は少なく、常緑の林が広がっていた。この地域が日本の常緑広葉樹林の中心分布域であることが実感できた。

シロモジ、イチイの南限

高隈山は、桜島の南西方向、大隅半島のほぼ中央にある山々の総称である。最高峰の大箆柄岳《おのがらだけ》（１２３７メートル）、御岳《おんたけ》（１１８２メートル）、横岳《よこだけ》（１０９４メートル）などの山々が連なる。高隈山はこの暖温帯の常緑植物によってそのほとんどが占められているが、垂直分布が面白い。垂直的に広い分布域を持つ照葉樹林の上に、薄く冷温帯の代表であるブナの帯が乗っているのである。高隈山は九州最南端の１０００メートルを超す山岳であるために、植物分布においても境界のひとつになっている。ここに生育するシロモジ、イ

シロモジの葉

チイは高隈山が南限になっている。

高隈山の垂直分布を観察していくと、屋久島と同様にスダジイ、イスノキ、ウラジロガシ、アカガシ、モミなどは分布しているが、ヘゴやリュウビンタイ、オオタニワタリなどの亜熱帯の植物は生育しない。そして、どちらかというと、私たちが日頃よく見ているヤブツバキ、サカキ、アオキ、ヤブコウジなどの暖温帯性の種が多い。つまり、大隅半島はすでに亜熱帯ではなく、暖温帯なのである。海抜６００～から９００メートルまではイスノキ、ウラジロガシ、スダジイなどが目立つ常緑広葉樹林で、低木層にはサザンカ、ヒサカキ、バリバリノキ、クロバイ、イズセンリョウ、ミヤマシキミなど常緑低木が多い。

ほうきを逆さまにしたようなブナ

山頂へは急な登りが続く。お目当てのブナは９００メートルくらいから出現するが、ブナが優占するブナ林は１１００メートル以上の尾根部にあるので、せいぜい２００メートル前後の分布幅しかない。高隈山は、日本のブナの分布南限の地である。そこのブナは樹高４～７メートルの個体が多く、樹形も非常に面白い。形容すれば「竹の箒《ほうき》」を逆さまに立てたような枝の出し方をしているのである。

普通にブナといえばすーっと幹や枝が伸び、樹冠は丸みを持ってモコモコとした、ブロッコリのような感じであるのと比べると、このブナは他のブナとは大違いである。おそらく、南限の地という温度的に不都合な条件に加えて、山頂部という強風環境もあって、それらが樹形に影響しているのであろう。樹高のわりには幹が太いが、どうにも寸法が足りない。そういう伸びの止まった「寸詰まり」のブナなのである。これは、ブナの北限（北海道渡島半島の黒松内低地帯、歌才）に生育するブナが、まったく北限とは感じられないほど立派な生長をしていることとは大違いである。

この高隈山で一番大きいブナは、胸高直径（地面から1・3メートル・胸の高さ）80センチ、樹高14メートルほどにあると言われている。また、御岳頂上の西端には、ブナ林に生育することの多いミズナラがわずかに見られる。

ブナとササの関係

ここのブナ林はコハウチワカエデ、リョウブ、ウリハダカエデなどの落葉樹とアカガシ、シキミなどの常緑広葉樹とが混生し、低木層にスズタケが密生しているのが特徴である。そのブナの下には、2メートルくらいの高さでスズタケがびっしり生えている。ブナがこの種と一緒に生えるのは、太平洋側地域のブナ林の特徴であるが、

低い高さで枝別れしたブナ。

ここブナ南限の地、高隈山でもスズタケがブナ林に生育している。それだけブナとササ類との関係が強いことを示すものである。ブナとササ類とは非常に相性が良い。ササの仲間は光を好む。ブナの林冠は光を遮るが、ブナの樹冠による遮光の程度は、ササ類にとっては生育の阻害にならないのである。

もともとササ類やタケの仲間は、熱帯から亜熱帯に分布する植物である。一方、ブナは第三紀にユーラシア大陸に分布し、現在は北半球中緯度地方に隔離分布する北の植物である。つまり、林の最上層を北の植物が占め、下層を熱帯起源の植物が占めるという2層の構造になっているのである。しかし、このような結びつきは日本のブナ林だけに見られる現象ではない。台湾、韓国ウツリョウ島、中国など、東アジアのブナ林に広く共通して見られる現象である。しかし、アメリカ、コーカサス、ヨーロッパのブナ林には見られない。この差は、地球の植物の移動の歴史、特に、氷河時代と関係があるとされている。

✈行き方…羽田空港→鹿児島空港→バス→鹿児島中央駅前→鴨池港→フェリー→垂水港→車→大箆柄岳登山口

クロキ

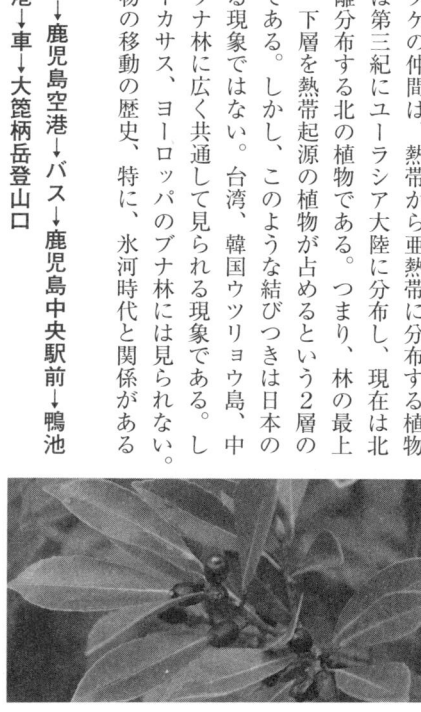

植物の不思議がいっぱいの島「屋久島の森」

日本初の世界自然遺産

屋久島は九州最南端、鹿児島県の佐多岬から南方へ約60キロメートルに位置する。大きさは東西28キロメートル、南北24キロメートルで、沖縄本島とほぼ同様の周囲約132キロメートル、面積503平方キロメートルの島である。その面積は淡路島（588平方キロメートル）に近い。種子島とは30キロメートルの距離にある。島はほぼ円形で茶碗を伏せたような形をしている。

島の最高峰は宮之浦岳（1935メートル）で、島の90%以上を森が占めている。大正13（1924）年に、スギの原生林が天然記念物に指定され、昭和39（1964）年には島の約3分の1の面積が、霧島屋久島国立公園に指定されている。そして、平成5（1993）年には屋久島の西側の海岸から山頂部にかけての10747ヘクタールが日本最初の世界自然遺産に登録された。それは屋久島全体の面積の約20%の面積にあたる。日本固有の植物であるスギの森林が、高樹齢を含めて優れた生態系を構成していること、自然の垂直的な植物分布帯が明瞭に見られること、照葉樹林が原生状態で広範囲に残っていることが、屋久島が世界自然遺産に登録された理由である。

過去も現在も「不思議な島」

屋久島は地理的には亜熱帯であるが、垂直的に2000メートル近い高度を持ち、気候的に変化に富む特徴的な環境にある。冬季になると海抜1000メートル以上には雪が降り、山頂部は雪と氷で覆われる。さらに、屋久島は過去に何度も沖縄や九州と陸続きであったために、植物の移動が容易だった。屋久島は過去を含めて多様な環境下にある「不思議な島」だが、それらのすべてが、この島の極めて特徴的な自然を形成しているのである。

原生的な自然が多く残るこの島には、変種、品種を含む1205種の植物種の生育が報告されている。日本の植物総種数は8118（1987年の環境庁の調査）だから、この小さな島に日本に生育する植物の14・8％が生育していることになる。しかも、屋久島には山岳地帯を中心に約50種の固有種がある。そのうちの16種にはヤクシマシダ、ヤクシマツツジ、ヤクシマシャクナゲ、ヤクシマノガリヤスなど屋久島の名がつけられている。

50年前の屋久島

私が初めて屋久島を訪れたのは昭和42（1967）年である。鹿児島港から船に乗り、宮之浦港へ。また、種子島への船に乗るために安房港《あんぼうこう》から小さな「はしけ」で定期船に乗ったともある。その頃はまだ島全体の周遊道路はなかった。舗装道路は宮之浦から安房までしかなく、それから西は砂利道であった。移動手段はバスで、そのバスもしばしば牛が横切ると止まった。宮之浦の街から乗ったバスの中では地元の人がウミガメの卵のゆでたものを食べていたことも印象に残っている。ウミガメの卵はゆでても白味が固まらないということを、その時に初めて知った。

その頃、国際生物事業計画（ＩＢＰ）という国際的なスケールで世界の植物を調べるというプロジェクトが実施されていた。このプロジェクトに私の恩師が屋久島での調査を担当していたことから、学生の私も調査の手伝いに同行させてもらった。

調査のために一度山の中に入ると1週間くらいは出てこなかった。海抜６００メートル前後の雲霧帯の中に入ると、その下は晴れていてもそこは霧雨である。暑さと湿気でカッパの内側は汗、外は霧雨でぐしゃぐしゃの状態であった。一番疲れたのは、雨に濡れたテントを担いでの移動であった。ヨットの帆生地のような厚い布のテントが、いったん濡れるととても重くなる。それを支える支柱はこれまた重いカシの木である。それらを背負って移動した。途中、ひと息入れるために重い荷物を置くと、足元からシャシャシャっとマムシが動く。なによりも困ったのはヒルで、そこかしこに落ちていて油断すると手足にくっついてきた。付着されても気が付かないので、夜、真っ赤になった靴下を見るのもたびたびであった。

日本の植生分布が凝縮されている

　さて、屋久島の植物を観察するときに、まず、最初に注目したいのが、屋久島特有の特徴的な「垂直植物分布帯」の構成である。海岸から山頂へ向かって山を登って行くとき、日本列島の南から北へと気温の変化に従って植生が移り変わるのと同じような、植物の垂直分布帯が見られる。低地は亜熱帯、山頂部は亜寒帯に属する植物の構成で、ここには日本列島の植生分布が凝縮されているのである。

　海岸に近い平地は年平均気温19・4℃で、珊瑚礁、ヘゴなど亜熱帯の常緑広葉樹林を見ることができる。人々が暮らす海抜５００メートル以下は人為の影響が強く、スダジイ、タブノキなどが伐採されて炭に焼かれた後に再生した常緑樹二次林と、戦後植えられたスギ植林が広がっている。現在は再生が進み森林化しているが、私が50年前に訪れた頃はまだ、その伐採跡が生々しかった。

　高度を増すと自然林へと移り、斜面から尾根にかけて残る自然林ではスダジイ、タブノキ、オガタマノキ、などが見られるようになる。そして、谷には亜熱帯植物であるヘゴ、オオタニワタリなどの大型のシダやクワズイモ、また、大きな果実がなるヤブツバキの変種、ヤクシマツバキ（地元では果実が大きいことからリンゴツバキと呼ぶ）も生育している。

　海抜５００メートル以上には点々とスギが出現するようになり、８００メートルを超すとさらにその数が多くなる。そこではツガ、モミ、スギを交えて30メートルに達する森林を形成するようになり、1500メートル付近にまでスギを含む天然林が連続分布するようになる。海抜1000メートルに位置する「ヤクスギランド」は、スギの巨木も多く、ツガ、ヤマグルマ、ヒメシャラなどを交える立派な森林である。また、霧がかかりやすいことからコケ植物が多い。植生調査の折、木の葉は霧で見えない。幹の模様も密生付着したコケでわからない。そこで樹種を知るためにナタで幹に傷をつけ、現れた色や模様で樹種を判定することを教わった。

森の中には無数の切り株があるが、これは江戸時代に多量のヤクスギが伐採された跡である。1200メートル地点には胸高周囲8・1メートル、樹高19・5メートルの紀元スギがあるが、これは車で簡単に見ることのできるヤクスギとして有名である。

海抜1500メートル以上になるとスギ、ツガ、ヤマグルマが少なくなり、枯死木も多くなる。さらに、海抜1600メートル以上にあるヤクスギやヤマグルマは高山的な萎縮した姿になり、ヤクシマシャクナゲ、ミヤマビャクシンなどが見られるようになる。

海抜1700メートル以上、宮之浦岳の山頂部ともなると、強風と立地のため、萎縮し、白骨化したヤクスギが頂上近くまで点在している。山頂部はヤクシマダケのササ原と亜寒帯性のミヤマビャクシンの低い風衝林の草原帯になっており、さらに黒味岳《くろみだけ》の南には花之江河、小花之江河と呼ばれる高層湿原も発達している。これが屋久島の植生分布帯の概要である。

ブナ林がない屋久島

ここまで見てきたように屋久島には垂直分布帯では亜熱帯から亜寒帯の植物群落が分布しているが、その中にはいくつか、この島にしか見られない特徴がある。

その第一はツガやモミなどとスギが混成するという特徴がある。モミ林やツガ林は九州、四国、本州の太平洋側に、中間温帯と呼ばれる樹林帯を作る。この樹林帯はシイ、カシなどの常葉樹林と落葉樹のブナ林に挟まれる形で広がっているのだが、屋久島以外の地域ではその帯にスギが混生することはない。

第二の特徴は九州以北に必ず森林帯を形成するブナ林帯が欠如することである。屋久島のこの高度には九州以東ではブナと一緒に生えている植物が生育しているにも関わらず、なぜかブナ林はないのである。地理的に最も近い九州では、北九州で海抜８００～９００メートル、ブナ分布の南限である鹿児島の高隈山では、狭いながら海抜１２００メートル以上にブナが森林帯を形成している。海抜２０００メートル近い高度を持つ屋久島には当然どこかにブナ林が発達していてもよいはずなのに、なぜ、ブナ林が発達しないのであろうか。その原因を知る手がかりがある。それは「花粉分析」と呼ばれる手法を使い、過去に生育していた植物を推定する方法である。

植物のおしべは花粉を作り、めしべにくっつくと、花粉を入れた袋が割れて受粉する。重要なことは、この袋が植物の種によって様々な模様と形をしていることである。セルロースからできているこの袋は、酸素が欠乏する泥炭の中では分解されることなく何万年でも残る。「花粉分析」では、様々な形をした袋の種類と量を計測し、一緒に出てくる花粉を丹念に現生の植物の花粉と比較して同定し、その構成割合をもとに現在の森林のそれと比べる。そして、どのような林がどの深さの泥炭の時期に発達していたかを推定するのである。採取した泥炭の形成年代は「炭素14」で決定する。これらにより、その植物が生活していた年代が推定でき、その時期の代表的な植物群落が推定でき、植物群落からその時の気候条件も推定できることになる。

花粉分析の結果によれば、約2万年前の日本列島は、カバノキ科を含むマツ科樹木を主体とする針葉樹林によって広く覆われていたという（塚田、1984）。その時期は九州と屋久島、種子島は陸続きになっていた。当然のことながら植物は寒くなれば南へ移動し、暖かくなれば北へ移動するという性質がある。今から2万年以上前の氷河期の頃は寒冷乾燥気候が支配的で、全体的に今より1000メートル以上も植物の分布帯が下がっていたと考えられている。寒い時期には南へ逃げた植物が、この時、もし屋久島まで到達していたのであれば、残っていてもおかしくはない。ところが、どうもブナ林は屋久島までは到達できなかったようなのだ。氷期が終わる直前の1・2〜1・3万年前には九州にまでミズナラ、ブナを含む森林が形成された。しかし、屋久島地域は高海抜地域にまで、現在と同じような暖温帯照葉樹林が広がっていたという結果が出された。この時期、ブナは氷河期に九州南部にまでは南下したものの、屋久島へは辿り着いていなかったのである。

樹齢２０００年を超すヤクスギ

屋久島と言えば天然のスギ、いわゆる「ヤクスギ」が有名である。特に樹齢２０００年を超す樹木というのは、日本では他に例を見ない。スギはスギ科スギ属の樹木で、屋久島から青森県の津軽半島にかけて分布している針葉樹で、学名（Cryptomeria japonica D.Don）にも示されているように、日本固有の植物である。そして、日本に分布するトガサワラ、コウヤマキ、ヒノキなどと同じように第三紀（６０００万年から１７５万年の間）に栄えた針葉樹である。屋久島では、樹齢１０００年以上の個体をヤクスギ「屋久杉」、若いスギを「小杉」と呼んでいる。

長い時間の中で営々と生き続けてきたヤクスギではあるが、近世以降は受難の時代であった。豊臣秀吉は京都に方広寺を建てるために全国に材を求め、屋久島からも天正15（１５９０）年に小豆島の船11隻でヤクスギを京都へ運んだという。切株だけが残るウイルソン株もこの時に伐採されたといわれる。江戸時代になると薩摩藩は慶長17（１６１２）年から島に代官を置いてヤクスギの伐採を続けたという。伐採には島民も加わった。屋根材として、長さ50センチ、幅10センチの短冊型の「平木」を生産し、それを年貢として納めることで米を得たという。長い江戸の時代、幕末までには屋久島に生育していたヤクスギの5割から7割が伐採されてしまった。さらに、明治、大正、昭和にかけては機械の普及により、さらに大規模に伐採が進められ、ヤクスギは急激に減ってしまったのである。

このような歴史から、確かに少なくなったヤクスギではあるが、屋久島の山地にはまだ、縄文杉のように根まわり42メートル、樹齢2700年と言われるものもあり、その他にも紀元杉、大王杉、翁杉などと名付けられた巨木も生育する。

ヤクスギが長寿な理由

なぜ、それほどにヤクスギは長寿なのだろうか。

ヤクスギの長寿の理由のひとつは、気候的なものである。スギは、湿ったところが好きな樹木である。屋久島の年間平均気温は19・4℃（平地）、山頂は6℃台（推定計算値）で、年間降水量は平地で約4500ミリ、山地で約7500ミリにもなる。東京の1500ミリ前後、札幌1000ミリ前後と比較すると、その降水量が非常に多い。黒潮の海から生まれる水蒸気が、屋久島の山々に多量の雨をもたらし、ヤクスギの生育場所は年間を通して雲霧帯となり、霧雨が多く降る。年間約一万ミリの雨量があるので、ヤクスギは乾くことがない。

しかし、豊富な雨水に恵まれながら、花崗岩の岩だらけの森に育つヤクスギは栄養にあまり恵まれていない。花崗岩の土というのは、粘土質が少ないのである。粘土の周りにはカルシウムなど、いろいろなものがくっついていて、それが樹木の栄養となるのだが、スギの周りにある花崗岩は、風化したざらざらの砂である。ここのスギはそうした栄養が乏しい環境にありながらも、何千年もの間生きているのである。

ところが、この栄養条件の悪さが功を奏して生長が遅いため、ヤクスギの年輪幅は非常に狭い。年輪が狭いということはそれだけ材に強度が増すということであり、台風銀座と呼ばれる屋久島にあっても幹折れを起こさない。さらに、ヤクスギは樹脂成分を普通のスギの６倍も持っているという。このため腐りにくい性質があるので、時間をかけて大きくなる。このような理由が作用して、ヤクスギは何千年という時間を生き抜いてこられたというわけである。

ヤクスギは将来も生き続けられるか

これから将来に向けてヤクスギは生き続けられるのであろうか。現在の屋久島には１ヘクタールあたり数本の割合で、用材や平木として不適なために伐り残されたヤクスギ約１万数千本が生育していると試算されているが、伐採後に発生した小杉も残っている。加えて、ヤクスギを含む様々な樹木の倒木は格好なスギの生育場所になっている。大きな樹木が枯れると、その木が占めていた樹冠部にぽっかりと穴（ギャップ）が開く。そこは光が射入する空間になり、地表部に届く光の量が著しく増加し、実生や稚樹の成長が進む。これがギャップ更新である。また、枯死した倒木の幹が腐朽すると、コケのマットができる。そこに周りから供給されたスギの種子が発芽し、生長する。このような更新様式は「倒木更新」と呼ばれ、亜高山の針葉樹林などで見られる。この「倒木更新」に加えて、屋久島では「切り株更新」と言われる、特有の更新様式がある。江戸時代の平木生産では、足場を組んで良好な材が取れる部分から伐採した。大きな樹冠を持つヤクスギの伐採は、樹冠部に広い空間をあけ、大量の日光が到達する。その切り株の上に、高い空中湿度の中ではコケが生え、マットを形成し、そこへスギの種子が落ちて発芽し、生長を続ける。ヤクスギランドなどでスギの根が高い部分から垂れ下がっているように見えるのは、そのせいである。

現在の屋久島はヤクスギを伐採することなく、厳正な保護管理が行われている。従って、このような更新様式が維持されているスギの更新は今後も進んでいくだろうし、世帯交代も順調に行われると期待できる。

自然観察におすすめの林道

屋久島の観察ポイントとしては、国割岳を含む西部林道一帯をおすすめする。そこは急な地形だったこともあり、あまり人の手が入っておらず、自然の植生が広く残っている。最近まで道路がなかったことが幸いしたのであろう。ここは平成５（１９９３）年に「世界自然遺産」に登録された地域の大部分を含んでいる。

途中には大川《おおこ》の滝という素晴らしい滝もある。この滝は大川の川口近くにあって、滝壺のすぐそばまで近付くことができる。高さは80メートルあまり、水量が多い時は、幅40メートルを超える大滝となって流れ落ちる。周囲は自然のままの照葉樹林であり、沿道でヤクザルやヤクシカに出合うこともある。

国割岳の西側にはタカネゴヨウの近縁種とされるヤクタネゴヨウが生えている。これは「ヤクタネ」という名前からわかるように、屋久島と種子島にのみ自生する五葉松である。ヤクタネゴヨウは、過去にはもっと多くの個体があったのであろうが、現在は、国割岳と破沙岳、高平岳の3地域にわずかに見られるだけである。幹が1メートルぐらい、高さは25メートルぐらいにまで生長し、その成木は屋久島の300メートルから500メートルの急峻な尾根筋や基岩上に分布する。

西部林道の低地で注目したいのは、中間川河口のガジュマル群落と栗生《くりお》川河口のメヒルギ群落である。中間のガジュマル林は発生した気根が地上に到達して数多くの幹となっており、一見に値する。これに対して、栗生のメヒルギ群落は屋久島に残るマングローブ林である。小面積に細々と分布しており、決して立派とはいえないが群落としての存在自体が貴重である。小滝一夫（1997年）によれば、昭和48（1967）年時点ではマングローブは河口域に広範囲に分布していた。その規模は1辺70メートル以上で、分布の中央部は樹高4メートル近くの群落になっていたという。

しかし、その後、群落分布域には災害防止のための堤防を兼ねた堤防道路が建設され、群落のほとんどが破壊されてしまった。それによって仕切られた群落分布域の内側は畑になっている。さらに河口には小さな漁港が建設されており、群落の破壊に一役買っている。現在は、分布域は極めて小面積になっており、瀕死の重傷の景観で、かつての面影はまったく見られない。寂しいことである。

✈行き方…羽田空港→福岡空港→屋久島空港→車（約55分）→ヤクスギランド

屋久島の90％を森が占めている。

伐採の跡の大きな切り株。ウィルソン株。

大自然の交差点「ヤンバルの森」

様々な土地の自然が合流する地点

琉球列島は、九州南端から台湾までの１３００キロメートルに連なる１００以上の島からなる。今から2万年前の氷河時代には、そのすべてが陸続きで、九州とも陸でつながっていた。その中で最大の沖縄本島は南北１５０キロメートルの縦長の島である。高度的には北部ヤンバルにある与那覇岳（５０３メートル）が最高で、低い山並みの山岳は中部以北に偏る。

気象条件を見ると、那覇では年間平均気温22・３℃、年間降水量は２１１８ミリであり、アジアでの亜熱帯地域にある。そのため、植生としては台湾との共通種を多く持ちながら、九州、四国、本州の森林との関係も深い。いわば、沖縄はそれぞれの自然が合流する地点であると言える。

沖縄本島は、古くから人々が生活していたことを反映して、ほとんどの森が人間の干渉を強く受けてきた。しかし、沖縄の本部半島以北の山原《やんばる》と呼ばれる地域は、自然林の姿を保つ「亜熱帯の森」が広がっている。開発があまり進まなかった大宜味村《おおぎみそん》、大宜味村《おおぎみそん》、国頭村《くにがみそん》、東村《ひがしそん》に広がる森がそれである。ここは海抜３００〜４００メートル、緑深い樹海に覆われた山々が連なり、貴重な動植物が生息する地域である。

強風に立ち向かう植物の知恵

この起伏のあるヤンバル地域の森林を遠くから眺めると、全体に丸みを帯び、「もこもこ」とした樹冠を形成して、しかも、先端部が枯れていることが多い。これらの林の高さは10メートル前後で、きれいに生えそろっている。また、近くに寄ってよく見てみると、梢の先が枯れている木が多いことに気付く。枝を伸ばしていこうとはするが、塩分を含む強い潮風によって枝葉が枯れ、折られてしまうのである。

つまり、強風によって同じ樹高となった樹木同士でスクラムを組んでいるのだ。彼らは1本だと確実に風に負けることを知っており、集団で絶えず吹きつける強烈な潮風に立ち向かっているのである。これは、強風に対する植物の適応形態だといえる。

ヤンバルの森では、尾根から斜面にかけては九州でも一般的に見られるスダジイが高木層を占め、イスノキ、ヤブニッケイ、タブノキが混じる。さらに林床には亜熱帯産のシシアクチ、フカノキ、タシロルリミノキなどが生育、それらが混成しているのが特徴である。暖温帯と亜熱帯の植物が混生する森林は、まさに、大自然の交差点である。

一方、風の影響の少ない谷地形の立地には樹高20メートルに達するスダシイ林やオキナワウラジロガシ林が発達し、常緑樹の樹冠が天井のようになって影を作る。北西部の比地大滝に向かう比地川沿いではまじかにオキナワウラジロガシの林を見ることができる。

沖縄ならではのヘゴの木

ヤンバルの森で特に目を引くのは、山地の斜面や谷間などに見られるヘゴの生育である。この種は大きいものだと10メートルほどにも生長する。南国的な景観を創り出しているこの種は木生シダと呼ばれ、亜熱帯の森の重要な植物のひとつである。木生シダは1億年以上前の古生代に分布していたシダの仲間でヘゴ科に分類される。この中のヘゴ属は世界に600種以上あるという。

沖縄本島にはヘゴとヒカゲヘゴの2種が分布しているが、ヘゴは九州四国まで北上し、紀伊半島と八丈島まで分布する。樹高は4メートル程度で茎の先端に輪状に葉をつけ、葉のついている部分の長さが葉の柄よりも長く、葉柄に紫褐色の棘を密生する。一方、ヒカゲヘゴは沖縄から八重山諸島にしか分布しない。高さは7メートル程度、2メートル程度の葉を持つが、葉柄には棘がない。これらの特徴で区別できる。

オキナワウラジロガシ

この他にも斜面下部から谷の湿生な立地ではリュウビンタイ、ヘッカシダ、オオタニワタリなど大型シダも多い。この中で、オオタニワタリは他のシダとは異なり、樹上に着生することが一般的である。

ヤンバルにしか生息しない動物たち

なだらかな山が続くヤンバルでは、与那覇岳天然保護区域内を中心によく歩道が整備されているので、自然の観察には高都合であるが、地図に載っているメインの道以外にも縦横無尽に林道が通り、そこからまた枝のように脇道が走っている。米軍演習場に関わる地元への公共事業の結果であろうが、果たしてこれほどの道路が必要であろうかと疑う。道のところどころには、「テナガコガネを採らないでください」「ヤンバルクイナに注意してください」などの看板が出ていて、その道のすぐ横には森が広がっている。道路は間違いなく、小さい生き物の生活域を分断する。これは、移動距離の小さい昆虫や飛べない鳥にとっては致命的である。

ヤンバルの森には、沖縄でしか見られない動物も多い。昭和56（1981）年に新種として確認された、世界でも唯一沖縄本島北部にしか生息しない飛べない鳥「クイナ」の新種ヤンバルクイナ（国指定天然記念物）や、キツツキの仲間のノグチゲラ（国指定特別天然記念物）、日本最大の甲虫であるヤンバルテナガコガネ（国指定天然記念物）、イシカワガエル

（県指定天然記念物）など、地球上でこの森だけに生息する固有の動物が数多く生息している。

ヤンバルにしかいない飛べない鳥「ヤンバルクイナ」は人が持ち込んだマングースで生育が脅かされていることはよく知られている。沖縄にはマムシと並び日本で最も恐れられている毒へビのハブとヒメハブが分布し、それらに咬まれて死亡するケースが多かった。そこで、ハブを退治させようとマングースを導入した。

マングースはインド原産のジャコウネコ科の動物で、ネズミや鳥などを餌としているが、何よりも毒蛇コブラの天敵である。このマングースにハブ退治を期待し、明治43（１９１０）年に最初に沖縄に21匹が持ち込まれた。いわゆる生物で生物を駆除する生物的防除（バイオロジカルコントロール）を期待したのである。

しかし、放たれたマングースは、まずいからであろうか、肝心のハブは食べずにニワトリや野鳥などを襲いはじめ、次第に分布範囲を広げ、数を増やしていった。そしてついにはヤンバルの森林地帯にまで生息するようになり、飛べない鳥「ヤンバルクイナ」も襲うようになった。

生物的防除の考え方は一見、農薬とは違って自然にやさしく見えるが、この例が示すように生態系をかく乱する危険性があるし、期待通りにはいかないのである。その場所に元々いない生物を他の地域から導入する際には慎重なうえにも慎重さが必要であることを示す貴重な戒めの例である。現在、ヤンバルには与那覇岳の登山道沿いにも見られるように、マングース捕獲罠が多く設置されている。はたして、対策の効果かはどうであろうか。心配である。

慶佐次川河口のマングローブ林

沖縄の植生には、ヤンバルの森以外にも大きな特徴がある。それは美しい海に広がるサンゴ礁と、河口に繁るマングローブ植物だ。正式にはマングローブ群落を「マンガル」と呼び、その構成種を「マングローブ」と呼ぶが、ここでは一般的な呼び名であるマングローブ林と呼ぶことにする。この林は、熱帯から亜熱帯の海岸や河口地域の潮間帯に分布する。

マングローブには、19科40種があると言われていて、木材利用、カニやエビなどの産卵場所、魚付き林、台風や高潮などに対する防災林などとして多く利用されている。しかし、小面積の分布しかない日本では、それらの機能はあまり期待できない。

沖縄のマングローブ林では、潟原のマングローブ林と慶佐次のマングローブ林が有名である。慶佐次のマングローブ林はヤ

マングースの捕獲トラップ。

ンバルに程近い沖縄本島の東海岸の東村、慶佐次川の河口付近に、長さ１０００メートル、幅２４０メートルに渡って分布し、沖縄本島で最大のマングローブ林の分布地となっている。その周辺はスダジイの二次林が分布している。

珍しい３種類のヒルギ

沖縄でマングローブ林を構成しているのはヒルギ科の種である。ヒルギとは漂木、漂着して生える木を意味する言葉で、群落は北半球におけるヤエヤマヒルギの北限の生育地としても貴重なものである。昭和47（１９７２）年には国指定天然記念物に指定され、平成５（１９９３）年には東村の村の木にも指定されている。

慶佐次のマングローブ林に生育するヒルギには、オヒルギ、メヒルギ、ヤエヤマヒルギの３種があるが、葉はそれぞれまったく違った特徴を見せている。花のように見える赤いガクを持つのがオヒルギ。メヒルギは葉が小さく、花が白く、あまり芽が出ない。一方、たこ足のような支柱根を張り、芽をいっぱいつけるのがヤエヤマヒルギである。慶佐次のマングローブ林では、樹高の変化はほとんどなく、幹は10センチ以下、樹高５〜６メートル以下である。３種が同一場所に生育していることは珍しい。

過酷な環境に適応した形態を持つマングローブだが、あまりに急激な環境の変化には対応しきれていない。特に河口部では開発行為による上流からの土砂の流入、それによる立地の冠水環境の変化が起きている。これらは生育環境を大きく変えることになり、衰退を早めることとなるだろう。慶佐次のマングローブ林は公園としての整備が進み、観光地としての取り組みが進められているが、保護に関しては細心の注意を払わなければならない。

今年、ヤンバル地域の一部地域がアメリカ軍から返還され、一方ではヘリコプター基地の建設も進んでいる。世界的にも、多種多様な生物が共存しているヤンバルの森。この貴重な地域は、生態系保全という観点に立って開発事業のあり方を根本的に見直すことが緊急課題である。

✈行き方…羽田空港→那覇空港→車（約90分）→慶佐次湾のヒルギ林

メヒルギの実

ヤエヤマヒルギの実

あとがき

日本の自然は美しい。その中心にはいつも森がある。日本の森の美しさは、多くの樹種が変化に富む深みのある美しさを創っている。この不揃いさが日本の特徴であり、外国の森の美しさとの大きな違いである。外国に比べて分布する種の多い日本ならではの素晴らしい特徴である。太古の時代からの周囲からの移・定着、それらの植物の日本での進化などの結果である。

今回、私は、「まえがき」にも述べたように、3つの立場から今回紹介した森林の素晴らしさを選んだ。そのひとつは、南北に3000キロメートル以上、垂直に3000メートル以上に広がる日本列島の中にあって、自然の特徴をよく表す日本森林の性質を紹介した森である。それは、それぞれの地理的な位置の中にあって、日本の歴史と自然環境が作り上げた森林とその組み合わせであり、日本の自然を語る場合には欠くことのできない位置にある森である。ヤンバルの森、屋久島の森、白山の森、富士山の森、知床の森などがそれである。

第2は、日本人の精神生活の中で深く関わりを持ってきた森である。それは神社の社叢であり、修験者の森である。宇佐八幡宮の森、宮島の森、石鎚山の森、筑波山の森、加婆山の森などがその例で、新しいものとして明治神宮の森もある。古くから、生活の中にあったともいえる森である。第3はその形成自体が密接に人の生活と関係しており、現在もその維持が深く人間と関係している森である。埼玉県の三富新田の森、東京都の玉川上水の森などが代表である。しかし、今回取り上げた森林は簡単にひとつのタイプに区分できるものではなく、いくつかの性質を持つものである。そして、それらの森は、単に、美しいだけでなく、日本人のふるさとである原風景の核を形作っていることで共通する。

この本で、私は日本の森林を「植物群落」という観点から眺めてきた。植物は何千万年前からの進化の歴史を背景に、それぞれの場所で現在の環境に適応して生きており、環境要求性が似たもの同士が集まって植物群落を形成している。つまり、今、私たちが見ている植物群落は歴史と人間の干渉を含めた環境の総和の反映としての存在なのである。植物の歴史、自然の環境、そして、人間の干渉を重ねて植物群落を観察することは、単に、そこに在る植物や植物群落の名前を意識することとはおのずと深みが違ってくるし、見えるものも異なってくると思う。　私の専門は「植生管理学」である。この分野は大きくは自然保護に属し、人と植物群落がどのようにすれば健全な関係で植物や植物群落と共存できるかを求めている。植物群落を詳細に調査することでその性質を知り、その結果を基に、どのようにして植物群落を保護するか、破壊された群落をどのようにすれば健全な姿へ修復できるか、それがテーマである。特に、私のライフワークは「ブナ林の研究」である。このことは、文中に多くブナ林のことが載っていることから賢明な読者はすでにお感じになっているかもしれない。このような立場で、この本では形成から崩壊までの植物群落の維持メカニズムと、群落の歴史などの観点から、森林の性質と現在の状況を解析し、森の美しさ、素晴らしさを紹介したいと思った。

この本は、平成17年（２００５）に出版した『いつまでも残しておきたい日本の森』（リヨン社刊）を元に、その後、同じ場所を歩き、新たに蓄積された情報の追加を行い、新たな場所を追加して再構成したものである。これらにより、同じ場所でも20年前とは違う、新たな側面から森の紹介を行ってきた。もし、この本を手に取った方がそれを感じてくれれば大変うれしいし、この本を片手に現地を歩いていただけるならばこの上もない喜びである。

最後に、出版までこぎつけてくださった二見書房の千田麻利子氏にお礼申し上げたい。
この本を、長年一緒に人生を歩いてくれた妻 正子に感謝を込めて贈りたい。

平成29年10月　　　　　　　　著者

主な参考文献

福嶋司・萩原信介「動いている自然教育園の森」『大都会に息づく照葉樹の森—自然教育園の生物多様性と環境1』（濱尾章二・松浦啓一編） 2013年 東海大学出版会

亀井裕幸・福嶋司・矢野亮・遠藤拓洋「2014年2月の大量降雪による自然教育園の樹木被害について」 2014年 『自然教育園報告』45 国立科学博物館附属自然教育園

松井光瑶・内田方琳・谷本丈夫・北村昌美『大都会に造られた森—明治神宮に学ぶ—』1992年 第一プランニングセンター

林弥栄・小林太郎・小林義雄・大河原利江・峯尾林太郎・飯田重良「高尾山天然林の生態ならびにフロラの研究」『林業試験場研究報告』 1966年 森林総合研究所

福嶋司・門屋健「樹木の構成と配置からみた都市公園の防火機能に関する研究」『森林立地31（2）』 1989年

福嶋司・岡崎正規「西中国山地の山頂部に発達する湿性型ブナ林とその立地環境」 2005『日本林学会誌』77（5）

矢野亮・桑原香弥美「自然教育園におけるキアシドクガの異常発生について（第7報）」『自然教育園報告』 2012年 国立科学博物館附属自然教育園

高橋啓二・福嶋司「大震災時の避難場所における植生の防火機能と調査方法について」

『森林立地』21（1）１９８０年
『慶佐次湾のヒルギ林緊急調査報告』沖縄県教育委員会　１９７６年鈴木邦夫「琉球列島の植生学的研究」１９７９年年『横浜国立大学環境科学研究センター紀要』塚田松雄「日本列島における約2万年前の植生図」１９８４年『日本生態学会誌』宮脇昭編『日本植生誌 屋久島』１９８０年　至文堂小滝一夫『マングローブの生態―保全・管理への道を探る』１９９７年　信山社武田義明・久保智美『貴重種ヤクタネゴヨウの屋久島における群落生態学的研究』２００１年　Hikobia. Supplement『屋久島やくすぎ物語』２０００年　屋久杉自然館　福嶋司「高隈山の森林植生　北陸の植物」１９７０年鈴木時夫編『阿蘇・久住の自然』１９６６年　六月社鈴木兵二・安藤久次・関太郎・豊原源太郎・松井宏光「石鎚山の植生」１９７９年『日本自然保護協会調査報告書』石原保他『石鎚山系の自然と人文』１９６０年　愛媛新聞社　鈴木兵二・豊原源太郎・神野展光・福嶋司・石橋昇「厳島（宮島）の森林植生」『厳島の自然・天然記念物弥山原始林』１９７５年　特別名勝厳島緊急調査委員会・広島）斉藤晃吉編『アテ造林誌』１９７２年　石川県林業試験場福嶋司「日本高山の季節風効果と高山植生」１９７２年『日本生態学会誌』福嶋司「大杉谷（白山）におけるブナ林の植生単位と土壌型との関係」１９８１年　Hikobia. Supplement「はくさんおんせん」『白峰村水害誌』１９８４年　白峰村公民館『国立公園白山周遊３００キロ』１９７７年　北国文化事業団　北国出版社大沢雅彦・鈴木三男・渡辺隆一・入倉清次・阿部

葉子「富士山における垂直分布帯の形成過程」１９７０年　『富士山―富士山総合学術調査報告書』富士急行株式会社宮脇昭・大場達之・村瀬信義「箱根・真鶴半島の植物社会学的研究」　１９６９年神奈川県教育委員会

上條隆志・星野義延・袴田伯領「伊豆半島八丈島の形成年代の異なる２　火山における常緑広葉樹林の種組成と分布」　２００１年　『植生学会誌』

『郷土資料辞典　茨城県』　１９８９年　人文社

『筑波山自然観察ハンドブック』　２０１２年　つくば環境フォーラム

『筑波山のブナは何をみてきたか』　１９９８年　I.N.M. 第一次総合調査報告

菊池多賀夫・萓原亀悦「自然公園蔵王連峰の植生　蔵王国定公園・県立自然公園蔵王連峰学術調査報告書」　１９７８年『歌才のブナ林』　黒松内営林署渡邊定元『北限のブナ林』　１９８７年　北海道林業普及協会

濱野一彦『富士山‐地質と変貌―』　１９８８年　鹿島出版会

高橋啓二「ハリモミ保護林の風害に対する保護と被害地におけるその復元」『林試研究報告277』　１９７５年

遠山三樹夫「大室山のイヌブナ林」『日本生態学会誌』13(4)　１９６５年

宮脇昭編「富士山の植生」『富士山―富士山総合学術調査報告書』　富士急行

吉岡邦二編『蔵王の環境破壊による生物群集の動態に関する研究』　１９７５年

二見レインボー文庫

福嶋 司（ふくしま・つかさ）

1947年、大分県生まれ。広島大学大学院博士課程修了。東京農工大学大学院教授、副学長を経て、現在、東京農工大学名誉教授。植生学会会長を務めた。理学博士。専門は植生管理学。主な著書に『森の不思議 森のしくみ』（家の光協会編）、『植生管理学』（編著）『図説 日本の植生』（共編著）（以上、朝倉書店）、『カラー版 東京の森を歩く』（講談社現代新書）などがある。

日本《にほん》のすごい森《もり》を歩《ある》こう

著者 福嶋司《ふくしまつかさ》

発行所 株式会社 二見書房
東京都千代田区三崎町2-18-11
電話 03(3515)2311［営業］
03(3515)2313［編集］
振替 00170-4-2639

印刷 株式会社 堀内印刷所
製本 株式会社 村上製本所

落丁·乱丁本はお取り替えいたします。
定価は、カバーに表示してあります。

ISBN978-4-576-17167-8
http://www.futami.co.jp/

本書は2005年にリヨン社から刊行された『いつまでも残しておきたい日本の森』を改訂増補し文庫化したものです。